BEI GRIN MACHT SICH IHR WISSEN BEZAHLT

- Wir veröffentlichen Ihre Hausarbeit, Bachelor- und Masterarbeit

- Ihr eigenes eBook und Buch - weltweit in allen wichtigen Shops

- Verdienen Sie an jedem Verkauf

Jetzt bei www.GRIN.com hochladen und kostenlos publizieren

Dieses Buch bei GRIN:

https://www.grin.com/document/436384

Daniel Albers

Zusammenfassung aus der Vorlesung "Rohstoffkunde". Lebensmitteltechnologie 1. Semester

GRIN Verlag

Zusammenfassung aus der Vorlesung Rohstoffkunde

Daniel Albers 2018

Inhaltsverzeichnis

1 Nährstoffe

1.1 Kohlenhydrate

- Kohlenhydrate bestehen aus drei Elementen und sind Ausgangspunkt für die Synthese der Fette und Eiweißstoffe, alles Leben hängt unmittelbar von den KH ab.

a) C-Kohlenstoff (vierwertig); H-Wasserstoff (einwertig); O-Sauerstoff (zweiwertig)

b) Alkohole enthalten <u>eine</u> oder <u>mehrere</u> OH-Gruppen(Hydroxylgruppen) / einwertig o. mehrwertig (Endung mit ol= einwertig/ di=zweiwertig/ tri=dreiwertig) (tertiäre Alkohole)

c) Ein Kohlenstoffatom das mit nur <u>einem</u> anderen C-Atom verbunden ist nennt man primär

d) ein Kohlenstoffatom das mit <u>zwei</u> weiteren C-Atomen verbunden ist nennt man sekundär

e) Ist die OH-Gruppe mit einem primären C-Atom verbunden nennt man diese= primäre Alkohole, ist die OH-Gruppe mit einem sekundären C-Atom verbunden nennt man diese= sekundäre Alkohole

f) Oxidiere ich einen sekundären Alkohol erhalte ich ein Keton + Wasser, wird eine sekundäre OH-Gruppe oxidiert spricht man von Ketosen – Keton Zucker)

g) Oxidiere ich einen primären Alkohol erhalte ich ein Aldehyd + Wasser, wird eine primäre OH-Gruppe oxidiert spricht man von einer Aldosen - Aldehydzucker)

1.1.1 Konfiguration/ Chiral- asymmetrische C- Atom

1.1.1.1 Chiralität

- ein asymmetrisches Kohlenstoffatom (Chirales Moleküle) liegt vor, wenn in einem organischen Molekül vier verschiedene Atome oder funktionelle Gruppen an ein Kohlenstoffatom gebunden sind bzw. beim 4-sp3-hybridisierten Kohlenstoff-Atom weisen die vier Bindungen in die Ecken eines Tertraedas

- alle Monosaccharide außer Dihydroxyaceton enthalten ein oder mehrere asymmetrische Kohlenstoffatome

- Chiral leitet sich von dem griechischen Wort cheir, das ,,Hand- Händigkeit " bedeutet, ab. Diese Beziehung geht darauf zurück, dass sich chirale Objekte wie rechte und linke Hand zueinander verhalten, d.h. wie Bild und Spiegelbild, und sich somit nicht zur Deckung bringen lassen. Sie können nicht durch Drehung in ineinander übergeführt werden.

- Verbindungen mit einem asymmetrischen Kohlenstoffatom haben die Fähigkeit, in wässriger Lösung die Schwingungsebene polarisierendes Licht nach **rechts (+) D-Form** oder nach **links (-) L-Form** zu drehen, sie heißen deshalb auch optische Antipoden

- Die Zuordnung zur D- oder L Reihe steht nicht im Zusammenhang mit dem Drehsinn, sondern die **Zuordnung erfolgt durch die Stellung am asymmetrischen C- Atom welches am weitesten von der Aldehyd- bzw. Ketogruppe entfernt** ist.

- steht die OH- Gruppe in der Projektionsformel rechts, spricht man von D- Glycerinaldehyd (D von lat. dexter – rechts) steht sie dagegen links, spricht man von L- Glycerinaldehyd

1.1.2 Monosaccharide (Einfachzucker) Aldohexosen.

- z.B. Glucose/Galaktose/Fruchtose

- Summenformel $C_6H_{12}O_6$

- (alle haben eine Unterschiedliche Strukturformel)

- Monosaccharide entstehen aus mehrwertigen Alkoholen durch Oxidation einer alkoholischen Hydroxylgruppe.

- Die einfachsten Monosaccharide leiten sich vom dreiwertigen Alkohol - Glycerin - ab.

- Die größte Bedeutung für die menschliche Ernährung haben die Monosaccharide mit sechs Kohlenstoffatomen, die Hexosen

- **α-D-Glucose** kommt in Obst und Honig vor, bildet Kristalle, wasserlöslich, vergärbar, süß schmeckend

- **β-D-Galaktose** kommt in Laktose und Pektin vor bildet Kristalle in heißem Wasser löslich teilweise vergärbar

1.1.3 Disaccharide (Zweifachzucker)

- Summenformel $C_{12}H_{22}O_{11}$ + H_2O

- Disaccharide können zum einen durch eine β 1-4-Bindung verknüpft sein und zu Anderen durch eine α 1-4-Bindung. Disaccharide bestehen entweder aus zwei verschiedenen oder zwei gleichen Monosacchariden

- **z.B. Maltose** = Glucose+ Glucose mit α 1-4- Bindung kommt in keimenden Getreide und Bier vor bildet Kristalle gut wasserlöslich schwach süß

- **z.B. Laktose** - β-D-Galaktose +α-D-Glucose mit β 1-4- Bindung kommt in Milchprodukten und Muttermilch vor bildet Kristalle schwer löslich wenig süß kann zu Milchsäure vergoren werden

1.1.4 Polysaccharide (Mehrfachzucker)

- Summenformel (C6H10O5)n

- sind Verbindungen aus mehreren Einfachzuckern, die sich zu Ketten zusammenschließen Polysaccharide bestehen aus über 100- Saccharideinheiten und sind beispielsweise Stärke, Glykogen, Pektin, Zellulose und Dextrin

- **z.B.** Stärke (Pflanzlich), Glykogen (tierisch)

  - **Amylose** (aus 250-350 α 1-4 Bindungen von Glucose) kommt z.B. in Stärke, Mehl, Mais, Reis und Kartoffeln vor löst sich in heißem Wasser und bildet ein Gel. Die Glucose Moleküle sind **spiralförmig** (6 Glucose Einheiten pro Schraubengang) angeordnet und Wasser wird in den Hohlräumen eingelagert. Amylose befindet sich im **inneren eines Stärkekorns**

  - **Amylopektin** (aus 600-6000 α 1-4 Bindungen von Glucose zusätzliche Seitenketten mit α1-6-Bindungen)) ist nicht wasserlöslich, bildet in Wasser einen Kleister, **Verzweigungen** nach jeder 4ten Verästelung kommt eine α 1-6- Bindung

  - **Glykogen** – ist das wichtigste Speicher- Polysaccharid im tierischen bzw. menschlichen Organismus. Glykogen ist ein verzweigtes Polysaccharid, das aus α - glykosidisch gebundenen Gluscoseresten besteht

  - **Dextrine** – sind Abbauprodukte der Stärke und des Glykogens
  - **Cellulose** – kommt in Pflanzen als Gerüstbausubstanz vor. Cellulose ist Hauptbestandteil der pflanzlichen Zellwand. Holz z.B. besteht zu 40 bis 60% aus Cellulose, Baumwolle ist nahezu reine Baumwolle
  - **Pektine** – bestehen aus (1-4)-glykosidisch verknüpften, sie sind besonders in Kernen und Schalen verschiedener Obstsorten enthalten. Pektine sind stark quellfähig

1.1.5 Stoffwechsel der verwertbaren KH

- Aufgenommene Stärke wird durch α-Amylase im Mund und im Zwölffingerdarm zu Maltose und Isomaltose gespalten. Diese schließlich durch Maltase in Glucose.

1.1.6 VerdauungderKH

- Die Verdauung beginnt im Mund durch Speichelamylase, sie spaltet die α1-4-Bindung der Polysaccharide. Diese werden dann abgebaut zu Oligosacchariden und Dextrinen und auch zu Maltose.

- 1-6 Glucosidasen spalten Amylopektin in Maltose, Isomaltose und Glucose.

- Maltase im Dünndarm spaltet Maltose zu 2x Glucose

- Saccharase im Dünndarm spaltet Saccharose zu Laktose und Fruktose

- Laktase im Dünndarm spaltet Laktose zu Galaktose und Glucose

- Im Magen wird die Amylase durch Magensäure deaktiviert.

- Die Magensäure für die Quellung und Denaturierung der Eiweißstoffe zuständig, der Aktivierung des Enzyms Pepsin, für die Abtötung von Bakterien, sie fördert die Eisenresorption und verhindert die Bildung von kanzerogenen Stoffen.

- Im Zwölffingerdarm gelangen Gallensaft und Bauchspeichel zusammen mit Dünndarmsaft. Die enzymatische Spaltung der KH wird im Dünndarm fortgesetzt

1.1.7 Ernährungsphysiologische Bedeutung der KH

- KH ist ein wichtiger Energielieferant, wichtig für den Glykogen speicher, wird im Körper zu Zucker abgebaut

1.1.8 Ballaststoffe

- Sie erhöhen das Volumen des Speisebreis wodurch ein stärkeres Sättigungsgefühl eintritt, des Weiteren wird die Transitmenge erhöht, der Darm schneller passiert, die Durchblutung verbessert, und die Konsistenz und Volumina des Stuhls positiv beeinflusst.

- Sie sind ein guter Nährboden für die guten Darmbakterien.

- Sie neutralisieren überschüssige Magensäure, so werden Magenschleimhautentzündungen und Magengeschwüre in ihrer Entstehung behindert.

- Gleichmäßige Resorption der Monosaccharide vermindert starke Blutzuckerschwankungen (kein Heißhunger)

- Pektin bindet Gallensäure und somit wird der Cholesterinspiegel gesenkt.

- Ballaststoffe beeinträchtigen jedoch auch die Wirkungsweise einiger Mineralstoffe

1.2 Aminosäuren, Peptide, Proteine und Nukleinsäuren

- Bedarf 1 g je Körpergewicht

- der physiologische Brennwert von Proteinen beträgt allgemein 1 g Protein = 4,1 kcal = 17,2 kJ

- Proteine bestehen aus: C, H, O, N, (S), (P)

- Proteine entstehen aus den organischen Verbindungen der Photosynthese und wasserlöslichen Stickstoff Verbindungen

- eine Einteilung der Aminosäuren kann nach chemischen- physikalischen Kriterien oder ernährungsphysiologischen Gesichtspunkten erfolgen

1.2.1 Gemeinsames Strukturprinzip

   (1) Spezifische Funktionen

   (2) Enzyme

   (3) Transportproteine

   (4) Speicherproteine

   (5) Bewegungsproteine

   (6) Strukturproteine

   (7) Antikörper

1.2.2 Proteinogene und Nichtproteinogene

20 proteinogenen verschiedene Aminosäuren sind Grundbausteine der Proteine (Aminosäuren Alphabet des Lebens)

- proteinogene Aminosäuren (auch vereinfacht als Aminosäuren bezeichnet) sind die α- Aminosäuren die Bausteine der Proteine

- Nichtproteinogene Aminosäuren sind ca. 250 die nicht in alle Proteine eingebaut werden können

1.2.3 Aminosäuren

(1) Aminosäuren enthalten neben einer Carboxyl- Gruppe, eine Amino- Gruppe

(2) Aminosäuren unterscheiden sich also durch die Seitenketten

(3) die unterschiedliche Struktur, Größe, elektronische Ladung und Wasserlöslichkeit haben asymmetrisches Kohlenstoffatom

(4) alle Aminosäuren, mit Ausnahme des Glysins sind optisch aktive Verbindungen- das asymetrische C-Atom

(5) Natürlich vorkommende Aminosäuren gehören zu den L α – Aminosäuren (Grundbaustein bzw. bekömmlich), während D- Aminosäuren vorwiegend in Bakterien vorkommen)

(6) Aminosäuren sind Zwitterionen- dipolare Ionen

(7) Einfachste Aminosäure ist Glycin

1.2.4 Dipolarer Zustand

- Im dipolaren Zustand ist die Aminogruppe protonisiert und die Carboxylgruppe dissoziert, das Proton der Carboxylgruppe (COOH) wandert an das freie Elektronenpaar der Aminogruppe. Die Aminosäuren sind in dieser Form nach außen ungeladen obwohl jedes Molekül eine positive und negative Ladung hat.

- Die Wechselwirkung der Aminosäurenseitenkette mit Wasser ist für die Konformation der Proteine von entscheidener Bedeutung

1.2.5 Unverzweigte und verzweigte aliphalische Seitenketten

- Bsp.: Valin, Leucin und Isoleucin besitzen hydrophile verzweigte Seitenketten wodurch sich die Oberfläche der Seitenketten verringert

- Sie gehören zu den essentiellen Aminosäuren (wegen Verzweigung stellt der Körper nicht selber her)

- Je verzweigter, desto weniger stellt der Körper Aminosäuren selber her

1.2.6 Essentielle Aminosäuren

- eine Reihe von Aminosäuren können von Säugetieren nicht synthetisiert werden, weil die dazu benötigten Ketosäuren fehlen und müssen zum Erhalt des Baustoffwechsel mit der Nahrung zugeführt werden

- zur Gruppe der essenziellen Aminosäuren zählen neben **Lysin** (in Getreide und Kartoffeln) alle verzweigtkettigen Aminosäuren wie Valin, Leucin, Isoleucin, Threonin, die aromatischen Aminosäuren Phenylalanin und Tryptophan…

- Essentielle Aminosäuren besitzen:

a) verzweigte Kohlenstoffketten

b) aromatisch Seitenketten oder

c) eine dritte funktionelle Gruppe im Molekül

- Zur Gruppe **der semi-essenziellen Aminosäuren** zählen diejenigen, die aus anderen Aminosäuren synthetisiert werden können

- als **nicht essenzielle** Aminosäuren werden alle Aminosäuren bezeichnet , die der Organismus aus einfachen und gut zugänglichen Vorstufen und in ausreichender Menge selbst herstellen kann

1.2.7 limitierende Aminosäuren

- der Nährwert wird durch die Verzehrbarkeit bestimmt die vom Bau des Proteins, d.h. von der Aminosäurezusammensetzung, abhängig.

- Der Gehalt an essenziellen Aminosäuren bestimmt dabei die biologische Wertigkeit, d.h. die physiologische Verwertbarkeit eines Proteins durch den Organismus.

- Es gilt dabei das Gesetz des Minimums: Ist das Angebot an essenziellen Aminosäuren zu gering, so ist der Umfang der resultierenden Syntheseleistung von derjenigen Aminosäure abhängig, die in kleinster Menge vorhanden ist („ limitierende Aminosäure"). Die wichtigsten limitierenden Aminosäuren sind Lysin und Methionin

1.2.8 Einteilung der Aminosäuren nach Wasserlöslichkeit der Seitenketten

(1) Einige Aminosäuren sind aufgrund ihrer Seitenketten bei biologischen pH- Wert

(2) Unpolar bzw. hydrophob

(3) Polar bzw. hydrophil

(4) Acht Aminosäuren besitzen unpolare Seitenketten diese Aminosäuren stoßen Wasser ab und neigen dazu sich zusammen zulegen (30-50% besitzen unpolare Seitenketten).

(5) Die Stabilität einer Proteinstruktur steigt mit der Anzahl der unpolaren Seitenketten.

(6) Aminosäuren mit polaren Seitenketten enthalten in der Seitenkette Sauerstoff und Stickstoff die Wasserstoffbrücken ausbauen können aufgrund der Ladung der Seitenkette kann eine Einteilung vorgenommen werden in:

(7) Basisch- positive geladene- hydrophile Aminosäuren

- Neutral- ungeladene- hydrophile Aminosäuren
- Saure- negativ- geladene- Aminosäuren

1.2.9 Peptide

- Peptide entstehen, indem die Aminogruppe der einen Aminosäure mit der Carboxylgruppe einer zweiten Aminosäure (unter Wasserabspaltung) reagiert

- Peptide entstehen durch Verknüpfung von Aminosäuren in einer definierten Reihenfolge (Sequenz) über Säureamidbindungen Peptide unterscheiden sich von Proteine allein durch ihre Größe

1.2.9.1 Dipeptide

- Besitzen wiederum je eine funktionelle α- Aminogruppe und alpa- Carboxylgruppe man bezeichnet die Peptidkette je nach Anzahl der Aminosäurenreste als:

  a) Dipeptide

  b) Tripeptide

  c) Tetrapeptide

  d) Oligopeptide (weniger als 10 Aminosäuren)

  e) Polypeptide (bis zu 100 Aminosäuren = ab 100 als Protein bezeichnet) z.B. Hormone

- Viele durch Peptidbindung miteinander verknüpfte Aminosäuren bilden eine unverzweigte Polypeptidkette die 20 Aminosäuren kommen dabei in unterschiedlicher Menge vor und sind in anderer Reinfolge miteinander verknüpft

1.2.10 Proteine

- Proteine gehören zu den Grundbausteinen aller Zellen. Sie verleihen der Zelle Struktur und können als molekulare „Maschinen":

  (1) Stoffe transportieren (Transporter),

  (2) Ionen pumpen (Ionenpumpen)

  (3) chemische Reaktionen katalysieren (Enzyme)

  (4) Signalstoff erkennen (Rezeptoren)

  (5) körperfremde Strukturen binden (Antikörper)

- Die Seitenketten der Aminosäuren sind im Wesentlichen für die intra- und intermolekularen Wechselwirkungen bei Proteinen verantwortlich , aus der Gesamtheit der Wechselwirkungen ergeben sich die Eigenschaften der Proteine

1.3 Lipide

1.3.1 Einfache und komplexe Lipide:

- Lipide sind Fette und fettähnliche Stoffe, diese werden aufgrund ihrer Verschiedenartigkeit und chemischen Zusammensetzung unterteilt in:

1.3.1.1 Einfache Lipide- (verseifbar, nicht wasserlöslich)

Diese sind chemisch gesehen Ester und bestehen aus dem dreiwertigen Alkohol Glycerin und drei Fettsäuren.

- Dazu zählen die **Einfachen Lipide** wie:

- **Neutralfette** (am meisten vorkommend) auch Triglyceride genannt, sie zeichnen sich durch die Veresterung von drei unterschiedlichen Fettsäuren aus. Die Fettsäuren bestimmen die Eigenschaften und die Bedeutung für die menschliche Ernährung. Man unterscheidet zwischen einfache Triglyceride (mit nur einer Fettsäure verestert) und gemischte Triglyceride (drei versch. Fettsäuren). Neutralfette sind neutrale, hydrophobe Moleküle.

- **Wachse** sind Ester aus langkettige und ungesättigten Fettsäuren, langkettige einwertigen Alkoholen (z.B. Bienenwachs)

1.3.1.2 Komplexe Lipide- (nicht verseifbar, Fettfreundlich, nicht Wasserlöslich) sind zusammengesetzte Verbindungen mit Lipid fremden Bestandteilen.

- Die wichtigsten sind zum einen **Phosphoglyceride**, diese enthalten Allgemein zwei Fettsäuren eine gesättigte und eine ungesättigte, die dritte Hydroxylgruppe des Glycerins ist mit Phosphorsäure verestert. (z.B. Lecithin-(wobei da noch Cholin mit verester ist).

- Und zum anderen **Glykolipide** nur das hier die Hydroxylgruppe nicht mit Phosphat sondern mit einen oder mehreren Sacchariden verknüpft ist.

1.3.2 Die Unterschiede und Gemeinsamkeiten bestehen aus:

- Fettsäuren bestehen aus einer **Carboxyl- Gruppe** und einer unterschiedlich langen Kohlenstoffkette mit einem **Methylende** und sind gekennzeichnet durch: (unterschiedliche Schreibweise, Zählung von den Enden)

  - den Wasser abweisenden-unpolaren (hydrophoben) Teil der Kohlenwasserstoffkette und den Wasser liebenden-polaren (hydrophilen) Teil der Carboxyl- Gruppe

  - die Kettenlänge der Fettsäuren- kurzkettige haben 4 C-Atome, mittelkettige 6-12 C-Atome und langkettige 14-24 C-Atome (18:1 - 18 C-Atome und eine Doppelbindung)

  - die Anzahl der Doppelbindungen-

  - Gesättigte haben keine Doppelbindungen (alle C-Atome sind mit H ab gesättigt)

- Ungesättigte Fettsäuren unterteil man in einfach und mehrfach Ungesättigt (die Kohlenstoffe sind nicht mit Wasserstoffen ab gesättigt)

- essential und nichtessential

1.3.3 Die wichtigsten essentiellen Fettsäuren

Omega Zählung erfolgt vom Methylende und Delta Zählung vom Carboxylende

(1) gesättigte Fettsäuren (SFA)

(2) einfach ungesättigte Fettsäuren (MUFA)

(3) mehrfach ungesättigte Fettsäuren (PUFA)

(4) die ungesättigte Fettsäure **Linolsäure als Omega 6** und die **Linolensäure als Omega 3** bezeichnet man als essentielle- lebensnotwendige- Fettsäuren da der Körper sie nicht selber Herstellen kann und sie deswegen über die Nahrung aufgenommen werden müssen.

(5) beteiligt an den Gefäßerweiternden Enzymen

(6) Linolsäure und Linolensäure sind Ausgangsprodukte von weiteren wichtigen Fettsäuren, die im Körper Aufgebaut werden und verschiedene unverzichtbare Funktionen erfüllen.

1.3.4 Cis- und Trans- Fettsäuren

- In Molekülen mit einer C-C- Doppelbindung ist die Drehbarkeit um die Kohlenstoff- Kohlenstoff- Bindungsachse durch die Ausbildung der n-Bindungen aufgehoben

- Tragen nun die Kohlenstoffatome der Doppelbindung verschiedene Atome oder Reste, führt das zu Isomeren mit unterschiedlicher räumlicher Anordnung der Atome

- Man spricht von **cis- trans- Isomerie**

- bei der Konfiguration, bei der die beiden Atome auf derselben Seite der Doppelbindung zu finden sind , ist die **cis- Form**

- stehen sie Gegenüber spricht man von der **trans- Form**

- Die **cis-trans-Form** ist sehr wichtig bei den ungesättigten Fettsäuren, diese enthalten bis zu drei Doppelbindungen die alle in der cis Konfiguration angelegt sind. deswegen weißen die Moleküle an dieser Stelle einen Knick auf

- Folglich wird die Kristallisation dieser Fettsäuren erschwert; sie sind deshalb bei Zimmertemperatur flüssig (gleiches gilt auch für Fette die diese Fettsäuren enthalten)

1.3.5 Lipasen, Fettmicellen und Chylomikronen:

- **Lipasen- hydrolytische Spaltung**

  - Nahrungsfette(Lipide) werden in den Verdauungsorganen wie Zwölffingerdarm und Dünndarm durch Pankreaslipasen, in ihre Einzelbausteine-, Monoglyceride, Fettsäuren, Glycerin und in geringen Umfang auch Diglyceride zerlegt

- **Fettmicellen**

  - Micellen sind Zusammenballungen bzw. Verklumpungen von Strukturelementen in unserem Fall gebildet aus Gallensäure und Fettsäuren, sie bilden eine Einschlussverbindung. Die Fettsären werden von zwei, drei oder vier Gallensäuren paaren umhüllt. Wobei die hydrophile Gruppe der Moleküle nach außen gerichtet ist und die hydrophobe nach innen. (Sie bilden somit eine bessern Angriffspunkt für Pankreaslipasen)

- **Chylomikronen**

  - Verpackung und Abtransport der resynthetisierten Triglyceride zusammen mit Cholesterin, Phospholipiden und Proteine in die Lymphgefäße abgegeben und zum Fettgewebe Transportiert

2 Einteilung Lebewesen und Zellaufbau bzw. Gewebe

2.1 Einteilung Lebewesen

2.1.1 Wesentliche Kennzeichnung

- Drei wesentliche Eigenschaften kennzeichnen jedes Lebewesen
  - Vermehrung (Reproduktion durch Information)
  - Stoffwechsel (Metabolismus = biologische Stoffumwandlung, Energietransformation)
  - Mutagenität (Veränderung des Erbgutes, Entwicklung neuer Lebensformen)

2.1.2 Phylogenie

- Phylogenie ist die Lehre von der Abstammung und Entwicklung der Lebewesen in drei Domänen
  - Archaea, Bacteria und Eukarya
- Phylogenetischer Stammbaum der drei Domänen:
  - Archaebakterien – extrem halophile; Methanogene; extrem thermophile
  - Eubakterien – Purpurbakterien; Gram- positive Bakterien; Grüne Bakterien; Cyanobakterien
  - Eukayonten – Tiere; Ciliaten; Pilze; Pflanzen; Flagellaten

- Taxonomie – Benennung und Klassifizierung von Arten und Artengruppen
  - Zuordnung zu Gattungen erfolgt aufgrund von Ähnlichkeiten
- Der Biologische Artbegriff
  - eine biologische Art ist die Population (oder eine Gruppe von Populationen), deren Mitglieder sich unter natürlichen Bedingungen kreuzen können und dabei lebensfähige, fruchtbare Nachkommen hervorbringen. Mit Mietgliedern anderer Arten ist eine Kreuzung nicht möglich
  - stellt den genetischen austausch innerhalb von Arten und die reproduktive Isolation zwischen den Arten in den Vordergrund

Abbildung aus urheberrechtlichen Gründen für die Veröffentlichung entfernt

2.2 Zellaufbau

- **Alle Zellen** (Prokaryonten und Eukaryonten) verfügen über:
  - Membranen
  - Ribosomen
  - Cytoplasma (cytosol)
- **Eukaryonten** (Einzeller, Pilze, Pflanzen, Tiere (Animalia))verfügen über:
  - Zellkern
  - Endoplasmatisches Retikulum
  - Golgi-Apparat
  - Mitochondrien
- **Pflanzenzellen** höherer Pflanzen verfügen über:
  - Zellwand
  - Plastide
  - Vakuolen

- alle lebenden Zellen und Zellorganellen sind von Membranen umgeben
  - Membranen grenzen Zellen gegen die Umwelt/ Nachbarzellen ab und schaffen abgegrenzte Räume (Kompartimente) innerhalb der Zelle
  - Membranen sorgen für einen kontrollierten Stoffaustausch mit der Umgebung
  - Membranen ähneln teilweise den Mauern einer Burg, sie grenzen die Burg gegen die Umwelt ab und bilden Unterbezirke innerhalb der Burg. Der Austausch von Stoffen und Informationen erfolgt über Tore (kontrolliertes Öffnen/Schließen)

- im Gegensatz zu Burgmauern sind Membranen jedoch flexibel, dynamisch und anpassungsfähig

2.2.1.1 vergleichbar sind Membranen mit den Eigenschaften von Seifenblasen

- flexibel; leichtes Verschmelzen und Ablösen von Blasen; kein Verlust an Dichtheit bei Kontakt mit Objekten oder deren Passage durch die Membranen

2.2.1.2 Die Grundstruktur biologischer Membranen besteht aus einer Doppelschicht aus amphipathischen (amphiphilen) Bausteinen

(1) Phospholipide; Glycolipide; Cholesterin

(2) Hydrophile Außenschicht (z.B. Extrazellulärerraum)

(3) Lipophile Trennschicht

(4) Hydrophile Innenseite (z.B. Zellplasma)

- Membranen können einen kristallinen oder (quasi)-flüssigen Zustand annehmen
- die biologischen Funktionen erfordern den flüssigen Zustand

2.2.1.3 Asymmetrie im Aufbau der Membranen

- definiert innen und außen. Das ist eine der elementaren Voraussetzungen für eine biologische Richtunggebend des Stoffwechsels
  - Außenseite (viele Glycolipide, häufig mit größeren Kohlenhydrat Ketten
  - Innenseite (kaum komplexe Glycolipide)

2.2.1.4 Charakterisierung von Membranproteinen

- Funktionen - Transport von Stoffen, für die der Lipidfilm undurchlässig ist (Nähstoffe, Syntheseprodukte etc.) und Erzeugung, Verarbeitung und Weiterleitung von Informationen (Signalen)
- Arbeitsmerkmale – Substratspezifität, Wirkungsspezifität, Regulierbarkeit, Richtungsspezifität wegen Asymmetrie der Membranen

2.2.2 Ribosomen

- Ribosomen als Proteinfabrik
  - die Ribosomen sind aus RNA und Proteinen bestehende Komplexe in Pro- und Eukaryoten (in allen Zellen)
  - sie sind für die Synthese von Proteinen aus Aminosäuren verantwortlich
  - die mRNA dient als Information für die Reihenfolge der Aminosäuren in den Proteinen (Primärstruktur)
  - Ribosomen liegen in hoher Anzahl in jeder Zelle vor

2.2.3 Cytosol (Cytoplasma)

- Sol/Gel- Zone zwischen Plasmamembran und Kernregion bzw. Zellorganellen
- Hauptinhaltsstoffe z.B. Enzyme, Polysomen, Glycogenpartikel, Cytoskelett

2.2.3.1 Funktionen:

- Hauptort des zellulären Stoffwechsels und des Verbrauchs an ATP
- Proteinsynthese
- Proteinabbau (turnover)-Weiterverwertung
- Gluconeogenese -Zuckerneuaufbau
- Glycogensynthese - Aufbau
- Fettsäuresenthese - Aufbau
- Cholesterinsynthese -Aufbau
- Glycolyse - Abbau von Glucose

2.2.4 Organisation einer eukaryotischen Tierzelle

2.2.4.1 Nukleus (Zellkern)

- größtes Organell, von Doppelmembran umgeben, die Kernporen enthalten (Stoffaustauch mit dem Cytoplasma bzw. Abgabe von Informationen von und zum Cytoplasma), enthält Kernmatrix
- im Kern ist ein Kernkörperchen auch Nukleolus genannt, die DANN in diesem Bereich enthält die Baupläne für die ribosomale RNA, also für die katalytische RNA der Ribosomen – Bildungsort der Ribosomen
- Zellkern ist Steuerrad der Zelle
- der Zellkern bildet die Steuerzentrale der eukaryotischen Zelle, er enthält die chromosomale DANN und somit die Mehrzahl der Gene

2.2.5   Golgi-Apparat

- das Endoplasmatische Retikulum (ER) und der Golgi-Apparat sind eng miteinander verknüpft

  - diese beiden Systeme bestehen aus von Membranen begrenzten Hohlräumen und sind in den meisten Eukaryoten zu finden

  - das Endoplasmatische Retikulum ist das schnelle Transportsystem für chemische Stoffe, weiterhin wird in der Mitose die neue Kernmembran vom ER abgeschnürt. Außerdem ist es für die Translation, Proteinfaltung, posttranslationale Modifikation von Proteinen und Proteintransport von Bedeutung

  - diese Proteine werden anschließend vom Golgi-Apparat verteilt

  - Im Golgi-Apparat werden die Proteine modifiziert, sortiert und an den Bestimmungsort transportiert, sortiert und an den Bestimmungsort transportiert. Defekte Proteine werden dabei aussortiert und abgebaut

2.2.5.1   Funktion und Aufbau

- bestehend aus mehreren hintereinander gelagerten zusammengefalteten Membranstapeln (Dictysomen)
- dient der Sekretion von Zellprodukten (Proteine, Hormone)
- Prozessieren (Umbau) von Proteinen (Glykosylierung, Hydroxlierung, partielle Peptidspaltung, Methylierung)
- Bildung der Plasmamembranen

2.2.6   Mitochondrien – Kraftwerke der Zelle

- die Mitochondrien gehören zu den selbstvermehrenden Organellen (semiautonom) und sind nur ein Eukaryoten in unterschiedlicher Anzahl zu finden
- sie enthalten ein eigenes Genom, das viele aber nicht alle der für die Mitochondrien wichtigen Gene enthält
- Mitochondrien werden als Kraftwerke der Zelle bezeichnet
- der Stoffabbau über den **Citratcyclus** und Fettabbau läuft in den Mitochondrien ab
- die Oxidation organischer Stoffe mit molekularem Sauerstoff findet in den Mitochondrien statt, wobei Energie freigesetzt und in Form von chemischer Energie (als ATP) gespeichert wird – **Atmungskette**

2.2.6.1 Aufbau der Mitochondrien

- Innere Membran – Sitz der Atmungskette
- Äußere Membran – grenzt gegen das Cytoplasma ab, ist für Proteine durchlässig
- Membranmaterialien der äußeren und inneren Membran können nicht getauscht werden

2.3 Pflanzliche Zelle

2.3.1 Zellwand

- die Zellwand liegt außen am Plasmalemma (Plasmamembran) an
- Funktion:
    - Festigung (stütz die Pflanze)
    - verhindert das Platzen der Zellen,
    - vermindert durch Einlagerung von Korkstoffen oder Auflagerungen von Kutin die Wasserver-dunstung
    - Ausbildung dauerhafter Druck- und Zugfestigkeit in abgestorbenen Zellen durch Einlagerung von Holzstoff
    - Verhindert das Eindringen von Mikroorganismen

2.3.2 Textur in pflanzlichen Geweben

- Pflanzliche Zellen sind polygonal (vieleckig) und isodiametral (gleicher Durchmesser) aufgebaut
- Rheologische Eigenschaften und Texturen von Obst und Gemüse resultieren aus dem strukturellen Aufbau der Zellen und dem Zellverband (Zellstruktur)
- bei Gemüse und Obst ist z.B. die Knackigkeit von Bedeutung, bei Kartoffeln sind es die 5 sensorischen Attribute: Mehligkeit, Zerkochungsgrad, Feuchtigkeit, Konsistenz/ Textur, Körnig-keit

2.3.3 Mittelamelle und Primärwand

- die Zellwände sehr vieler Zellen bestehen aus Mittelamelle und Primärwand. Einige Speziallisten bilden sobald das Zellwachstum beendet ist, weitere Polymere und formen eine Sekundärwand, welche eine festigende Funktion hat. Von ihrer Anwesenheit hängt aber auch eine Reihe von strukturellen Änderungen in der Mittelamelle und der Primärwand ab.
- die Bildung von Lignin führt zur Verholzung von Möhren, Rettich, Sellerie, Kohlrabiknollen, wobei die Cellulosewand dicker wird
- die Zellwand höherer Pflanzen ist sehr komplex aufgebaut. Die Arten unterscheiden sich zwar hinsichtlich ihres strukturellen Feinbaues, generell sind sie aber überwiegend aus Polysacchariden aufgebaut. Der Rest setzt sich aus anderen Substanzenklassen wie Proteine und Polyphenolen (Lignin) zusammen

2.3.4 Plastiden

- Plastiden existieren nur in Eukaryoten, die Photosynthese betreiben, also Pflanzen und Algen
- wie die Mitochondrien besitzen die Plastiden ihr eigenes Genom und sind wie die Mitochondrien selbstvermehrend auch semiautonom
- es gibt verschiedene Plastiden die alle von dem sogenannten Proplastiden abstammen. Sie sind in der Lage, sich in eine andere Plastidenform umzuwandeln z.B. Chloroplasten enthalten viele Farbstoffe wie das Chlorophyll, das in der Photosynthese wirkt oder Amyloplast speichert Stärke, ein Photosynthese-Endprodukt

2.3.5 Chloroplasten

- Die Chloroplasten enthalten u.a. Chlorophyll (ein grüner Farbstoff), Energie von Licht- wird eingefangen (absorbiert) in chemische Energie in Form von Traubenzucker (Glucose) umgewandelt und in Form von Stärke gespeichert

2.3.6 Vakuole

- Vakuolen sind große von Membranen umschlossene Reaktionsräume vorwiegend in Pflanzen
- die Vakuolen sind Räume im Cytoplasma
- der Tonoplast ist die semipermeable Membran, die die Vakuole gegen das Plasma abgrenzt

Aufgaben:

- Aufrechterhaltung des Zelldrucks
- Lager für toxische Stoffe, Duftstoffe, Farbstoffe etc.
- Farbgebung der Zelle
- Verdauung von Makromolekülen und
- im Falle der kontraktilen Vakuole der Wasserrausscheidung

2.4 Lysosomen und Peroxisomen- die Verdauungsorganellen der Zelle

2.4.1 Lysosomen (Tiere)

- winzige, von einer Membran umschlossene Zellorganellen, enthalten hydrolytische Enzyme und Phosphatasen, Hauptfunktion ist aufgenommene Fremdstoffe verdauen

2.4.2 Peroxisomen (im Speichergewebe von Pflanzen)

- Engiftungsapparate, enthalten ca. 60 Monooxygenasen und Oxidasen, oxidativer Abbau von Fettsäuren, Alkohol und anderen schädlichen Verbindungen

2.5 Gewebe

- ein Gewebe ist ein Verband gleichartig differenzierter Zellen die über Interzellularkontakte und Extrazellularmatrix verbunden sind

- die Zellen eines Gewebes besitzen ähnliche oder gleiche Funktionen und erfüllen so in der Regel gemeinsam die Aufgabe des Gewebes

- Grundsätzlich lassen sich alle Anteile eines vielzelligen Organismus, das heißt alle Organe , Strukturen und sonstige Inhalte von Tieren und Pflanzen einem Gewebe zuordnen, beziehungsweise sind von einem Gewebetyp produziert worden

2.5.1 Tiereiche Gewebearten

- bei allen Wirbeltieren, insbesondere beim Menschen und fast allen Wirbellosen, mit Ausnahme der Gewebearten unterscheiden
  - Epithel – Zellschichten, die alle inneren und äußeren Oberflächen bedecken
  - Binde- und Stützgewebe – Gewebe das für den strukturellen Zusammenhalt sorgt
  - Muskelgewebe – Zellen, die durch kontrakte Filamente für aktive Bewegung spezialisiert sind
  - Neeg – Zelle, aus denen Gehirn, Rückenmark und periphere Nerven aufgebaut sind

3 Trinkwasser

3.1 Wasservorräte der Erde

- Wasservorräte der Erde- Salzwasser 97 % (Ozeane), Süßwasser 3 % (Grundwasser)
- Süßwasservorräte- Eis 68 % (Gletscher, Eiskappen der Erde), Grundwasser 30,1 %, Andere 0,6 %
- Oberflächenwasser- Flüsse 2 %, Sümpfe 11 , Seen 87 %

3.2 Versorgungund Verbrauch International

3.2.1 Probleme:

- Globale Wasserknappheit, Globale Konflikte um Wasser Israel-Palästina-Syrien-Jordanien, Türkei-Syrien-Irak, Ägypten-Äthiopien-Sudan, Privatisierung von Wasser
- Pro Kopf Verbrauch in Deutschland 124 L, USA 295 L, Japan 278

3.2.2 Virtuelles Wasser bzw. latentes Wasser

- Wasser, das zur Erzeugung eines Produkts aufgewendet wird:
  - Trinkwasser für Tiere, Wasserverbrauch für die Erzeugung des Futters, Bewässerung: ,,grünes virtuelles Wasser'' (Niederschlag und natürliche Bodenfeuchte) und ,,blaues virtuelles Wasser'' (künstliche Bewässerung), Wasserverbrauch bei Schlachtung und Verarbeitung

3.2.3 Water Footprint

- Gesamtmenge an Wasser, die für die Produktion der Güter und Dienstleistungen benötigt wird, welche die Bevölkerung eines Landes in Anspruch nimmt

3.3 Trinkwasserverbrauch

- Verbrauch in Deutschland durch:
  - Toilettenspülung, Baden oder Duschen, Wäsche, Körperpflege, Geschirspülen, Garten sprengen, Saubermachen, Kochen und Trinken, Autowäsche
- Verbrauch durch Industrie:
  - Chemische 44%, Bergbau 26,8 %, Metall 9,2 %, Papier 6,3 %, Ernährungsgewerbe 4,9 %, Mineralölverarbeitung 2,4 %, Glas 1,7 %, Steine-Erden-Keramik 1,7 %, sonstige 4,6 %
- Wasservorkommen in Deutschland:
  - Grundwasser 64 %- Tiefbrunnen (50) bis 200 m tief
  - Quellwasser 9 %- natürliches Grundwasser- Austritt
  - Oberflächenwasser 27%-angereichertes Grundwasser, Uferfiltrat, Oberflächenwasser

3.4 Trinkwassergewinnung in Deutschland

- Quellwasser 7,8 %, Grundwasser 63,6 %, Oberflächenwasser 28,6 %, davon:
- Uferfiltrat 5,2 %, angereichertes Grundwasser 10,2 %, Flusswasser 1,1 %, Seewasser 3,1 %, Talsperren 9,9

3.4.1 Uferfiltrat:

- Grundwasserbrunnen in Flussnähe
- Pumpt Gemisch aus Grund- und Oberflächenwasser
- Flusswasser wird durch Bodenpassage gereinigt (Verweildauer mehrere Monate bis Jahre)

3.4.2 Oberflächenwasser:

- aus Seen, Flüssen und Talsperren
- Stärkere Verunreinigung
- Intensivere Aufbereitung im Wasserwerk

3.4.3 Aufgabe von Talsperren:

- Ausgleich der Wasserführung bei Hoch- Niedrigwasser
- Bereitstellung von Rohrwasser
- Tourismus
- eingeschränkte Wassersportnutzung
- Energieerzeugung

3.5 Gesetzliche- Richtlinie der EU (80/778/EWG)

- Richtlinie zur Qualität für Wasser für den menschlichen Verbrauch
- Zielrichtung: vorrangig Gesundheitsschutz, nicht Umweltschutz, aber große Bedeutung wegen Rückwirkung auf Verursacher der Verschmutzungen
- Grenzwerte für Pestizide max. 0,1 ug je Wirkstoff pro Liter Trinkwasser, zusammen max. 0,5 ug Pestizide pro Liter (Vorsorgeprinzip)
- Grenzwert bei Nitrat 50 mg pro Liter Trinkwasser, Richtwert 25 mg/l
- Grenz- und Richtwerte für 56 Substanzen

3.6 Trinkwasserverordnung (TrinkwV) 1990 (und 2003)

- regelt Anforderung an Trinkwasserbeschaffenheit und dessen Aufbereitung
- regelt die Pflichten der Wasserversorger
- regelt die Überwachung durch die Gesundheitsämter

3.7 Qualitätskriterien und Anforderungen

3.7.1 Trinkwasser im Sinne der Trinkwasserverordnung:

- alle Wasser, im Ursprünglichen Zustand oder nach Aufbereitung, das zum Trinken, zum Kochen, zur Zubereitung von Speisen und Getränken oder zu den folgenden anderen häuslichen Zwecken bestimmt ist:
- Körperpflege und Reinigung
- Reinigung von Gegenständen, die bestimmungsgemäß nicht nur vorrübergehend mit dem menschlichen Körper in Kontakt kommen
- Dies gilt ungeachtet der Herkunft des Wassers, seines Aggregatzustandes und ungeachtet dessen, ob es für die Bereitstellung auf Leitungswegen, in Tankfahrzeugen, in Flaschen oder anderen Behältnissen bestimmt ist

3.7.2 Qualitätsanspruch Trinkwasser:

- Trinkwasser ist einwandfrei hinsichtlich **Geschmack, Geruch und Aussehen** (rein)
- muss den **mikrobiologischen Anforderungen** genügen, es darf **keine Krankheitskeime**
- enthalten
- muss **frei** von **schädlichen Substanzen** sein

3.7.3 Qualitätsanspruch Mängel:

- Härte, Säure, Mangan, Eisen, Fehlgerüche, Trübungen,..
- Keimzahlen, Escherichia coli (Darmbakterien)
- Nitrat, Nitrit, Chemikalien

3.7.4 Wasserhärte:

- Beschreibt die Konzentration von Mineralien im Trinkwasser (Ca, Mg)
- Einheit; Grad deutscher Härte (°dH), gemessen wird die Gesamthärt in mmol/l
- bei höheren Wasserhärten überwiegen meist Calcium- und Magnesium- Ionen. Die Summe beider Ionenarten kann als Gesamthärte angesehen werden
- Hartes Wasser
- Symptome- hoher Waschmittelverbrauch, geringe Schaumbildung, Kalkablagerungen
- Ursachen- hoher Gehalt an Ca und/oder Mg
- Entfernung- Ionenaustausch, Umkehrosmose

3.7.5 Saures Wasser:

- Symptome- Korrosion von Leitungen, diese erzeugen Ablagerungen im Waschbecken (rot- Stahlkorrosion/ grün- Kupfer und Chrom)
- Ursachen- hoher Gehalt an Kohlensäure oder Schwefel
- Entfernung- Neutralisieren, Filterung über kalkhaltiges Material, Verdüsen zur Entfernung von Kohlensäure

3.7.6 Geruch- Geruchsneutral:

- Ursachen für Geruchsveränderungen- Schwefelwasserstoff, anthropogene Verschmutzung, Lösungsmittel, Mineralöle, Teer, Phenole
- Symptome- Freisetzung von Geruch beim Kochen, Schwarzfärbung von Silber, Korrosion von Kupfer und Stahlrohre
- Ursachen- gelöster Schwefelwasserstoffe, Sulfat reduzierende Bakterien
- Entfernung- Verdüsung, Belüftung

3.7.7 Anforderung an die Farbe- Klare Färbung:

- Braunes Wasser Eisenhaltig
  - Symptome- braune Flecken auf Wäsche, braune Ablagerung in Waschbecken, rötliche Rückstände in Töpfen, metalischer Geschmack
  - Ursachen- Korrosion von Stahlleitungen, Tanks, Fe-reiches Grundwasser
  - Entfernung- Ausfällen und Filtrierung

3.7.8 Manganhaltiges Wasser

- Symptome- braun-schwarze-Flecken auf der Wäsche, braun-schwarze Ablagerungen auf Wasserbecken, Töpfe werden schwarz
- Ursachen- Mn- haltiges Wasser
- Entfernung- Verdüsung und Ausfällung
- Ammonium und Nitrat deuten auf eine akute frische organische Verunreinigung hin (meist Landwirtschaft) Grenzwert für Nitrit nach TVO 0,5 mg/l Grenzwerte für Nitrat 50 mg/l

3.7.9 Wasserbehandlungsverfahren:

- Neutralisation, Ionenaustausch, Filter, Membranfiltration

4 Getreide

4.1 Allgemein

- Getreide bilden die Nahrungsgrundlage eines Großteils der Menschheit
- Grundnahrungsmittel (reis, Weizen, Mais, Roggen)
- Viehfutter (feed) (vor allem Gerste, Hafer, Mais, aber auch Weizen)
- Getreide im engeren Sinne sind Zuchtformen von Süßgräsern

4.1.1 Wintergetreide

- benötigt eine Frostperiode als Vegetationsruhephase, Aussaat im September, Ernte im Juli
  - Winter, -roggen, -weizen, -gerste, -triticale, -hafer

4.1.2 Sommergetreide

- benötigt nur ca. ein halbes Jahr bis es erntereif ist, Aussaat im März, Ernte ab Juli
  - Hafer, Mais, Sommergerste, untergeordnet Bedeutung- Sommerroggen, Sommergerste

4.2 Getreide und Pseudogetreide

4.2.1 Getreide

- Weizen, Roggen, Triticale, Gerste, Hafer, Mais, Reis, Sorghum, Hirse (-Gruppe)

4.2.2 Pseudogetreide

- Wichtigsten Gattungen sind: Buchweizen, Amaranth, Quinoa
- Pseudogetreide sind botanisch gesehen keine Gräser sondern sogenannte Kornfrüchte, die ähnlich wie die eigentlichen Getreide verwendet werden (können). Sie sind sehr stärke und mineralstoffreich.

- Ein wichtiger Unterschied zu Brotgetreide: Sie besitzen kein Klebereiweiß (Gluten). Daher sie sind nicht zum Brotbacken geeignet – von Fladenbrot abgesehen.

4.3 Begrannung

- Unterschiede der weit verbreiteten und ziemlich ähnlichen Getreidesorten
  - Weizen hat sehr kurze Grannen
  - Roggen hat mittellange Grannen
  - Hafer hat keine Grannen und die Körner der Rispe hängen im Gegensatz zu den vorher genannten Sorten nach unten

4.4 Reife und Ernte

- Bei Getreide unterscheidet man zwischen folgenden Reifegraden:
  - **Milchreife**: (auch Milchwachsreife): aus dem Getreidekorn lässt sich durch Quetschen zwischen Zeigefinger und Daumen eine milchige Flüssigkeit herausdrücken
  - **Teigreife**: die Substanz, die man noch immer herausdrücken kann, ist nicht mehr flüssig sondern hat eine deutlich festere Konsistenz
  - **Gelbreife**: das Getreidekorn ist hart und lässt sich nicht mehr ausdrücken, aber mit guten Zähnen zerbeißen
  - **Vollreife**: das Getreidekorn ist reif. Es erfolgt kein weiteres Wachstum
  - **Notreife**: Vorzeitiges Abreifen durch widrige Umstände – z.B. durch Trocknen

4.5 Verarbeitung

4.5.1 Trocknung und Lagerung

- über 14% Feuchte: Schimmelbildung oder sogar Selbsterhitzung, Kühlung!.
- gleich- unter 14%: lagerfähig (max. 20°C, unter 1% Besatz)
- Vorratsschutz gegen : Kornkäfer, Reiskäfer, Mehlkäfer und seine Larven, der Mehlwurm, Getreidemotte, Mehlmotte, Mäuse
- Reinigung: Summe aller Verunreinigungen (unkrautsamen, Steine, Erdklumpen, Metallteilen, Insekten, Fremdgetreide,…) durch mehrere sequentielle Trenntechniken

4.5.2 Vermahlung und Mischen

- unter 16% Feuchte : Schalen splittert bei der Vermahlung, Trennung zwischen Kleie und Mehl schwierig, Befeuchten von Lagergetreide
- 16-17% Feuchte: mahlfähig
- Mehlfraktion werden separiert zu Typen gemischt

4.6 Getreide Produkte

- **Getreidemehlerzeugnisse**: beispielsweise Mehl, Dunst, Grieß, Schrot, Kleie
  - Backwaren- Weichweizen
  - Teigwaren- Hartweizen
  - Cerealien, Snacks- Weizen, Mais
- Getreideflocken: beispielweise Gerste-, Hafer-, Hirse-, Mais-, Reis-, Weizenflocken
- Getreidepufferzeugnisse: beispielweise Puffreis (Druck), Popcorn (Mais)
- Getreidestärke: meist aus Mais, Reis, Weizen gewonnen
- Getreidekaffe (Malzkaffe) aus Gerste, Roggen, Weizen, Dinkel
- Getreidekeime (Getreidemahlerzeugnisse)
- Getreidesprossen
- Getreidekeimöl, Mais, Weizen
- Malz aus Braugerste und daraus Bier
- Spirituosen (Kornbrand, Whisky)
- Verwendung als nachwachsender Rohstoff in der Industrie, wie die Verarbeitung zu Dämmerstoffen im Bauwesen, Kraftstoffzusätze auf der Basis von Industriealkohol und als Brennstoff

4.7 Getreidesorten

4.7.1 Weizen (Triticum sp.) -Süßgräser

- Die Gattung Triticum ist sehr komplex und setzt sich aus 28 Arten zusammen, die jeweils zwei Untergattungen zuzuordnen sind
- Genomstufen:
  - diploide (Einkorn Reihe) AA
  - tetraploide (Zweikorn) AABB
  - hexaploide (Dreikorn) AABBDD- kann künstlich durch Kreuzung der Ausgangsform hergestellt werden
  - Einzelne Genome bringen spezifische Eigenschaften z.B. Winterhärte durch Genome A und D, Resistenzgene durch B Backqualität durch D Stressresistenz durch D
  - Vorteile des Weizens- gute Backfähigkeit, hoher Ertrag, kurzes Stroh

4.7.2 Einkorn (Triticum monococcum)

  - relativ anspruchslos auf Qualität des Bodens, resistent (A-Genom) gegen viele Schädlinge, kann sich besser gegen Konkurrenz durchsetzen, nahezu ausgestorben, wenig schlechte Erträge
  - Emmer (Triticum dicoccum)

- tetraploid, lang begrannt, bespelzt, wir heute kaum noch angebaut, eiweiß- und mineral-stoffreich, mäßige Klebereigenschaften nicht für die Brotherstellung geeignet da D- Genom fehlt, Vollkornbackwaren- Emmer gibt einen herzhaften Geschmack, Emmerbier- dunkel, meist trüb, sehr würzig

4.7.3 Rauweizen (Triticum turgidum)- Kamut

- alte Weizensorte, die ursprünglich aus Ägypten, Vorfahren des heutigen Hartweizen, auf den deutschen Mark nur in Bioläden

4.7.4 Hartweizen (Triticum durum)

- gedeiht bei trockenen, heißen Sommern- Nordamerika, benötigt viel 63Wärme und nähstoffrei-chen Boden, Verwendung: aus Teigwaren (Pasta) oder Kuskus gemacht

4.7.5 Dinkel (Triticum spelta L)

- Im Vergleich zu Weizen geringere Erträge, verträgt raues Klima, resistenter gegen Krankheiten, wird in jüngerer Zeit insbesondere im ökologischen Landbau wieder verstärkt an-gebaut
- Dinkelmehl kann zwar einen höheren Klebergehalt besitzen als Weizenmehl- seine Backfähig-keit ist jedoch schlechter als die von reinem Weizenmehl

4.7.5.1 Einteilung des Bundessortenamtes nach Backqualitätsguppen

(1) E-Gruppe: Eliteweizen – mit hervorragenden Eigenschaften. Wird meist zum Aufmischen schwäche-rer Weizen verwendet oder exportiert
(2) A-Gruppe: Qualitätsweizen – hohe Eiweißqualität. Kann Defizite anderer Sorten ausgleichen
(3) B-Gruppe: Brotweizen – alle Sorten, die für die Gebäckherstellung gut geeignet sind
(4) C-Gruppe: sonstige Weizen – hauptsächlich für futterzwecke
(5) Keksweizen: (wurden bis 2004 als ``K-Gruppe`` geführt) haben eine für den Verwendungszweck geeignete, also schwächere Eiweißqualität

Abbildung aus urheberrechtlichen Gründen für die Veröffentlichung entfernt

4.7.5.2 Verarbeitung

4.7.5.2.1 Zerkleinern

- Passage durch Walzenstühle mit ein bis vier Metallwalzenpaaren, die
- geriffelt (mit Drall) oder glatt, gekühlt oder ungekühlt sind, gegenläufig drehen mit unterschiedlicher Drehzahl (Voreilung)

4.7.5.2.2 Trennen

- in Sichtern, Fraktionen werden der nächsten Zerkleinerung zugeführt
- Je nach Mühlendiagramm (Anordnung der Walzenstühle und Sichter) durchlaufen die Getreide 10 – 12 Passagen
- das Ziel des Müllers ist es, möglichst kleiefreies Mehl und möglichst mehlfreie Kleie herzustellen. Die Ausbeute der type 550 beträgt bei Weizen durchschnittlich 72-76 %
- man unterscheidet nach Korngröße Mehl (180), Dunst (Feingrieß – 80-300), Grieß fein (250-480), mittel (480-620), grob (620-1000)

4.7.6 Mehltypen

4.7.6.1.1 Weizenmehl (Weichweizen)

(1) Type 405 – bevorzugtes Haushaltsmehl, gute Backeigenschaften und hohem Bindevermögen (max. 0,50 Mineralstoffgehalt)

(2) Type 550 – backstark für feinporige, lockere Teige und als Vielzweckmehl verwendbar, helle Brotsorten, Brötchen, Kleingebäck mit viel goldbrauner Kruste (max. 0,63)

(3) Type 812 – für alle hellen Mischbrote (min. 0,64 max. 0,90)

(4) Type 1050 – für Mischbrote oder herzhafte Backwaren im Haushalt (min. 0,91 max. 1,20)

(5) Type 1600 – für dunkle Mischbrote (min. 1,21 max. 1,80)

(6) Weizenbackschrot 1700 – ohne Keimling (max. 2,10)

4.7.6.1.2 Dinkelmehl

(1) Type 630 – (max. 0,70)

(2) Type 812 – (min. 0,71 max. 0,90)

(3) Type 1050 – (min. 0,91 max. 1,20)

4.7.6.1.3 Vollkornmehl

wird Mehl fein vermahlen, enthalten aber sämtliche Bestandteile des vollen Korns. Damit lassen sich Vollkorngebäcke mit relativ lockerer Krume herstellen. In den Randschichten befindet sich ein Großteil der Ballaststoffe, Vitamine, Öle und Mineralstoffe.

4.7.6.1.4 Vollkornschrot

ist grob zerkleinert. Die Bäcker nehmen es für Weizenvollkornbrot (z.B. Grahambrot). Interessant wird es auch mit einer ``Handvoll Schrot`` in hellen Mehlen – kernig im Biss

4.7.6.1.5 Weizengrieß

dient als Nährmittel, z.B. für Grießpudding oder Teigwaren. Für Dinkelbäcker gibt es die Typen 630, 812, 1050 und für Teigwaren die Hartweizen-Mehltype 1600 sowie Grieß

4.7.6.1.6 Gluten

das Gluten ist ein Klebereiweiß, das für die Backfähigkeit des Mehls entscheidend ist. Durch den Cystein-gehalt dieses Proteins entsteht die klebrige und elastische Beschaffenheit des Glutens

4.7.6.1.7 Kleie

besteht aus Cellulose, Hemicellulose und Lignin und wird vorwiegend als Futtermittel eingesetzt, in der menschlichen Ernährung als Ballaststoffe eingesetzt

4.7.7 Roggen (Secale cereale L.) - Süßgräser

- vergleichsweise anspruchslos: geringe Bodenqualität, gute Kälteresistenz, in großen Höhenlagen relativ gute Erträge, Halme werden bis 2m hoch

Abbildung aus urheberrechtlichen Gründen für die Veröffentlichung entfernt

4.7.7.1 Verwendung

- Roggen wird überwiegend zur Brotherstellung verwende, wobei man ihn häufig mit anderen Getreidearten mischt
- Die Kleber genannten Proteine, die den Weizen so besonders backfähig machen fehlen dem Roggen, so dass das Roggenbrot dichter und dunkler ist als Weizenbrot (Schwarzbrot und Pumpernickel werden aus Roggen hergestellt)
- Dient auch als Viehfutter, Roggenwhisky, Wodka, Korn,

4.7.7.2 Roggenmehltypen

- Type 815 - nur seltene Verwendung, meist in Süddeutschenland für helle Roggenbrote (max. 0,90)
- Type 997 – für Mischbrote, regional unterschiedlich verarbeitet (min. 0,91 max. 1,10)
- Type 1150 – für Mischbrote, regional unterschiedliche verarbeitet (min. 1,1 max. 1,30)
- Type 1370 – typisches Bäckermehl für herzhafte Roggen- und Roggenmischbrote (min. 1,31 max. 1,60)
- Type 1740 – typisches Bäckermehl für herzhafte Roggen- und Roggenmischbrote (min. 1,6 max. 1,8)
- Roggenbackschrot 1800 – ohne Keimling (max. 2,20)

4.7.8 Mutterkorn (Fruchtkörper aus Schimmelpilz)

- Aus dem Mutterkorn synthetisierte Albert Hofmann LSD, Mutterkorn schädigt das Zentralnervensystem, Schimmelpilz Vergiftung (Mykotoxikose)
- Grenzwerte Futtermittel 0,1 %, Mensch ungefährlich 0,1 %, toxisch ab 1 %, lebensgefährlich ab 8-10 %

4.7.9 Triticale

- ist ein Getreide. Es ist eine Kreuzung aus Weizen als weiblichem und Roggen als männlichem Partner, der Name ist aus TRITICUM und seCALE zusammengesetzt
- bei der Kreuzung entsteht eine Hybride. Die Kreuzungsnachkommen sind hochgradig steril. Triticale wurde gezüchtet, um die Anspruchslosigkeit des Roggens mit der Qualität des Weizens zu verbinden (Vorteile des Weizens und Vorteile des Roggens)

4.7.10 Gerste (Hordeum vulgares) - Süßgräser

- Selbstfruchter, fester Spelzenschluß oder nackt dreschend (Rollgerste), langen Grannen
- **Sommergerste** (Braugerste): benötigt nur knapp 100 Tage bis zur Reife und kann gut in kalten Klimazonen oder Hochgebirge angebaut werden, stellt geringe Anspruche an den Boden, wir auch in trockenen Gebieten gepflanzt, robust
- **Wintergerste** (Futtergerste): braucht höhere Temperaturen zur Entwicklung (als Sommergerste), liefert aber größeren Ertrag

Abbildung aus urheberrechtlichen Gründen für die Veröffentlichung entfernt

4.7.10.1 Produkte aus geschälten Gerstenkörnern

- **Gerstengrütze:** geschälte Gerstenkörner werden zu Grütze geschnitten. Grütze wird in unterschiedlicher Körnung in den Handel gebracht

- **Graupen:** erhält man durch Schleifen der Gerstenkörner, wobei auch die Spelzen gerundet werden. Am bekanntesten sind ``Perlgraupen``. Dazu wird Gerste auf Schleifmaschinen bearbeitet, bis sie ihre rundliche Form erhalten
- **Gerstenflocken:** werden aus hydrothermisch behandelten (gedämpften) Gerstenkörnern gewalzt.
- **Gerstenmehl:** wird durch die Vermahlung von Gerstenflocken hergestellt

4.7.11 Hafer (Avena sativa)- Süßgräser(hochwertigste Getreideart)

- Selbstbestäuber
- Hexaploid
- Bespelzte und nackte Genotypen
- einjährig, bis 1,5 m hoch
- 15 bis 30 cm lange Rispen
- Ährchen mit 2 bis 3 Blüten

4.7.11.1 Nutzung und Verarbeitung

- Entspelzen (Schälen) und Dämpfen/ Darren zur Enzyminaktivierung (Verhinderung/ Verzögerung der Ranzigkeit)
- unzerkleinert gegart- Haferflocken (roh oder gekocht)
- Keime ,Kleie, Schrot, Grieß, Mehl- für Nährmittel, Grütze, Futtermittel, Hafermehl (Diät und Schonkost)

4.7.11.2 Bestandteile

- 12% Proteine 5% Fett, 12-14% Ballaststoffe, 63% Kohlenhydrate
- Phytosterine (cholesterinsenkend), Alkaloide, Provitamin A, Vitamine B1, B2, B6, enthält von allen Getreidearten höchsten Mineralstoffgehalt, hohe Eisengehalt, hochwertigste Getreideart in Europa

4.7.12 Mais (Zea mays subsp. mayas) - Süßgräser

- die Einteilung erfolgt durch die Körnerform in: Hartmais, Zahnmais, Puffmais, Zuckermais, Stärkemais, Wachsmais, Spelzmais
- Mais ist ein Sommergetreide- die Aussaat erfolgt von Mitte April bis Anfang Mai. Die Ernte findet meist erst im Oktober statt
- Gentechnik bei Mais- Insekten- und Herbizidresistenz (Bakterium gegen Maiszünsler), 11% des weltweiten Anbaus

4.7.12.1 Verarbeitung

- ganzes Korn: zu- Popcorn, Biokraftstoff, Maiskolben, Zuckermais, Futtermittel

- Keime, Kleie, Schrot, Grieß, Mehl: zu Maiskeimöl, Stärken, Glucosesirup, Polenta, Futtermittel, Maispapier
- Cornflakes- einer der ersten industrielle hergestellten Frühstücks- Cerealien auf dem Markt, aus gekochten, gewalzten und getrockneten Mais

4.7.13 Reis (oryza spp.)- Süßgräser

- Grundnahrungsmittel in Ländern des Asiatischen raumes, Oryza sativa ist das wichtigste tropische- subtropische Getreide und eine der wichtigsten Kulturpflanzen überhaupt- Hauptnahrungsmittel von etwa 60% der Menschen
- 25 Sorten, 10.000 Kreuzungen, zwei Hauptarten- Oryza Sativa und Oryza glaberrima
- der sogenannte Wildreis gehört nicht zur Gattung von Oryza
- benötigt viel Wasser 1kg sind 3000 – 10000 l Wasser notwendig, schwere Erde um die Wassermenge zu tagen

4.7.13.1 Unterteilung der Getreidepflanze Oryza sativa in drei Subspezies

- **Japonica:** Rundkornreis, quillt stark und ergibt einen klebrigen, weißen Reis (Klebereis, Milchreis)
- **Indica:** Langkornreis, schmale Körner, von besonderer Qualität ist der Patna-Reis, der locker körnig kocht und wenig quillt (Basmati Reis, Duft Reis, Patna Reis)
- **Javanica:** dickes, breites Korn, wird hauptsächlich in Italien angebaut, ähnlich wie Langkornreis, verwendet vor allem für Risotto

4.7.14 Wildreis

- **Wildreis** oder Nordamerikanischer Wassereis: ist ein Sumpfgras aus der Familie der Süßgräser, botanisch gesehen ist es kein Reis, ist bei der Ernte grün und wird durch Darren haltbargemacht, Anteil an Eiweiß, Eisen, Magnesium und Zink ist wesentlich höher als bei Reis der Gattung Oryza (für glutenfreie Ernährung geeignet

4.7.14.1 Aufbau des Reiskorns

- Keimling- höchster Anteil Lipide (80%)
- Endosperm- (Mehlköper) Hauptanteil der Kohlehydrate von Eiweißschicht umgeben, glasige- körnige Farbe
- Aleuronschicht- beseht aus Zellen die hauptsächlich Eiweiß und ölförmige Schicht aufweisen

- Äußere Randschichten- Samen und Fruchtschale- zusammengewachsen, ergeben mit der Aleuronschicht die Silberhaut, hier befindet sich der Hauptteil der Vitamine und Mineralstoffe, sowie Eiweiß und Lipide
- umgeben wird die Silberhaut von Spelzen, die das Reiskorn schützen

4.7.14.2 Bestandteile

- 76% Stärke, 7-8% Eiweiß, 1,3% Fett, 0,6% Mineralstoffe vor allem Phosphor, Eisen, Magnesium, aber wenig Natrium, Calcium, Kalium, Vitamine- B1, B2 in den oberen Schichten des Korns, A, B12, C und D fehlen völlig
- Reis eignet sich zur Entwässerung der Körpers bei Übergewicht und Blutdruck aber bei ausschließlichem Verzehr von geschältem Reis kann es zu ernsthaften Mangelerscheinungen kommen (Beri-Beri), die bis zum Tode führen kann
- durch Schleifen und Polieren verliert der Braunreis 10% der Proteine, 70% der Mineralstoffe, 85% der Fette und 80% des Thiamins (Vitamin B1)

4.7.14.3 Verarbeitung

- Dreschen, Heißluftbehandeln, Entspelzen, Grob- und Feinreinigung, Größensortierung, Schleifen und Polieren
- Körner gegart: Puffreis, Flocken, Sake Reiswein
- Keime, Kleie:
- Schrot, Grieß, Mehl: Nudeln, Futtermittel, Stärken, Nährmittel, Reispapier
- Reisprodukte: Reisflocken (Suppen, Breie, Desserts), Reisgrieß (Baby und Kindernahrung, Desserts), Reisstärke (Textilindustrie), Reismehl (Reisnudeln, Reisbrot), Puffreis (Druckbehandlung), Kochbeutelreis (vorgegart und getrocknet), Reis als Tiefkühlprodukt (vorgegart, feuchtes Produkt verzehrfertig)

4.7.14.4 Klassifizierung von Reis

- erfolgt nach Größe und Form, Qualitätsstufe, Aufbereitungsweise (Aussehen, Kochverhalten, Geruch, Geschmack, Verwendung)
- **Aufbereitung:** Braunreis (Natureis), Weißreis (polierter Reis), Parboiled Reis)
- **Qualitätsstufen:** Spitzen- (Premium) max. 5% Bruchreis, Standard max. 15% Bruch, Haushalt max. 25% Bruch und Haushaltsqualität mit erhöhtem Bruchteil max. 40% Bruch
- **Größe und Form:** Kurzkorn ca. 5,2 mm Länge, Mittelkorn ca. 5,2 − 6 mm, Langkorn ca. 6 mm oder Länger (Reiskonsum in Deutschland 80% Langkorn und 20% Rundkorn)

- durch ein spezielles Verfahren (das Parboiled Verfahren) ist es möglich Mineralstoffe und Vitamine bis zu einem gewissen Grad aus den Randschichten in den Mehlkörper zu bringen
- durch diesen Prozess dringt Wasser in das Korn ein und dient gleichzeitig als Lösungs- und Transportmittel für die in den Randschichten lokalisierten Mineralstoffe und Vitamine, Beim Schälen und Polieren gehen diese dann nicht verloren
- weiterhin bewirkt dieser Prozess eine Teilgelatinisierung des Reiskorns, beim späteren Garen wird ein Stärke austritt und somit Verkleben der Körner verhindert
- ein Teil der Lipidtropfen im inneren des Kerns wird durch die thermische Behandlung und dem anschließenden Trocknungsprozesses gesprengt und diffundiert nach außen, wodurch es zu einem geringen Lipidgehalt kommt
- durch verschiedene thermische Vorbehanlungsverfahren kann ein Reis mit wesentlich verkürzter Kochzeit hergestellt werden

4.7.15 Hirse (Teff) und Sorghum- Süßgräser

- Hirse ist eine Sammelbezeichnung für eine Reihe von Getreidearten die alle zur Familie der Süßgräser gehören
- die wichtigsten Hirsesorten sind: Perlhirse, Fingerhirse, **Rispenhirse** (Deutsche Hirse), Kolbenhirse, Moorhirse
- Hirse hat gegenüber Mais den Vorteil, dass selbst bei sehr schlechtem Wetter die Ernte fast nie komplett ausfällt

4.7.15.1 Inhaltsstoffe

- Hirse enthält viele Mineralstoffe und Spurenelemente, darüber Magnesium, Kalium, Eisen, Fluor (stärkt den Zahnschmelz) und Silizium (Haut, Haare, Nägel)- Hirse hat den Ruf als Schönmacher
- 60 – 80% KH, 6 – 20% Eiweiß, 1 – 6% Fett
- die biologische Wertigkeit des Eiweißes ist vergleichbar mit dem aus Gerste und Reis, das Öl der Hirse besteht zu über drei Vierteln aus ungesättigten Fettsäuren und enthält Vitamin E, Provitamin A, der Gehalt an Vitamine entspricht in etwa dem Durchschnitt aller Getreidearten
- Hirse und Sorghum können wesentlich mehr antinutritive Substanzen (Phytinsäure, Oxalsäure, Kieselsäure) enthalten als andere Getreidearten die als Vollkorn verzehrt werden. **Da diese Substanzen hauptsächlich in der Schale enthalten sind, wird vom Verzehr von Vollkorn abgeraten (geschält verzehren)**

- Korn: Flocken, Hirsebier, gegart
- Keime, Kleie:
- Schrot, Grieß, Mehl: Brei, Fladenbrot, Futtermittel, Teffbrot (Korn wird als volles Korn gemahlen, wird Sauerteig hergestellt)

5 Kartoffel

5.1 Kartoffelpflanze

- Im botanischen Sinne ist die Kartoffelknolle eine unterirdische Sprossenverdickung
- sie dient der Reservestoffspeicherung und als vegetatives (ungeschlechtliches) Vermehrungsorgan. Die an jeder Knolle sichtbaren Vertiefungen, Augen, sind Seitenknospen, aus denen die Keime und damit die Triebe der neuen Pflanzen herauswachsen

5.2 Kartoffelsorten und Anbau

- Weltweit gibt es 5.000 Kartoffelsorten. In Deutschland sind 206 Sorten vom Bundessortenamt zugelassen, wovon ca. 150 Sorten kommerziell genutzt werden. Die registriert sind unterliegen dreißig Jahre einem Sortenschutz
- beim Anbau werden Lizensabgaben an den jeweiligen Züchter fällig
- wenn etablierte Sorten nach Ablauf der Schutzfrist vom Markt genommen werden (müssen), ist ein freier Verkauf nicht mehr erlaubt

5.2.1 Kartoffelsorte Amflora

- Amflora wurde für die technische- Industrielle Nutzung entwickelt. Eine Nutzung als Lebensmittel ist nicht vorgesehen. Amflora bildet reine Amylopektin – Stärke für technische Anwendungen in der Stärke – Industrie. Herkömmliche Kartoffeln produzieren dagegen ein Stärkegemisich aus Amylopektin und Amylose. In vielen technischen Anwendungen der Papier-, Gar-, und Klebstoffindustrie ist reines Amylopektin vorteilhaft, weil es nicht geliert. Dadurch dass eine Trennung des Stärkegemischs nicht mehr notwendig ist, können Rohstoffe wie Wasser gespart werden.
- Unter den großen Ackerbaukulturen gehört die Kartoffel neben Raps zu den Früchten, die am stärksten durch Krankheiten und Schädlingen heimgesucht werden (Bakterien, Viren, Insekten, Nematoden, Unkraut). Kartoffeln sind Kälte- und Frostempfindlich, zudem druckempfindlich

5.3 Handel

- die Verordnung über die Handelsklassen von Speisekartoffeln 1989 ist seit 2011 außer Kraft gesetzt.

- Kennzeichnung erfolgt nach Gesetzlichem Minimum, Freiwillig (Berliner Vereinbarung), Nach UNECE-Norm

- der Hinweis nach der Ernte behandelt ist eine gesetzliche Pflichtkennzeichnung für entsprechend behandelte Kartoffeln. Um eine längere Haltbarkeit zu erzielen, dürfen Kartoffeln nach der Ernte mit Keimen- oder Schimmelhemmungsmittel (Chlorpropham usw. zu behandeln.

- Einteilung erfolgt nach Kochtypen: (wenige Stärk mehr Proteine)

- festkochende Sorten (A, A-B),Stärkegehalt von 10-13%, -Pell-,Salzkartoffeln, Gratins und Salate/ Hans, Erstling, Forelle, Linda

- vorwiegend festkochend (B-A,B,B-C),14-16% Stärke, -Salz-, Pellkartoffeln,/Gloria, Grala, Agria

- mehlig kochende Kartoffeln,17-19% Stärke, Kartoffelpüree, Suppen, industrielle Herstellung von Trockenkartoffelflocken, - Granulat / Aula, Irmgard

- stark mehlig kochende Kartoffeln, über 21% Verwendung Stärkegewinnung, Futterkartoffel

5.4 Lagerung

- trocken lagern, gute Belüftung, Kühl lagern wegen Keimung, MOs und Zuckerbildung(4-8/10° C), Dunkel Lagern wegen Keimbildung, hemmt Solanin Bildung, nicht in größeren Schutthöhen, Druck begünstigen, nicht neben Obst lagern wegen Ethylen Absonderung

- außerhalb Deutschlands durch ionisierende Energie Haltbarmachung

- kommerzielle Lagerräume sind idR klimatisiert mit künstlich beeinflussten Luftumsetzung

5.5 Aufbau und Inhaltsstoffe

- Schale, Rinde- Rindenschicht (**Solanin** organische Säure, Schutz vor Fraßschäden), Gefäßbündelschicht

- äußeres Mark (Vitamine C, B1, B2, B6, H, K, Carotin, Stärke, Zucker, Dextrine, Pentansane, Pektine, Mineralstoffe), Inneres Mark (Eiweiß), Nabel, Krone

- Kartoffelschale schütz die Knolle vor Feuchtigkeitsverlust und Pilzbefall,

- viel Wasser 78g, und KH 15g, Eiweiß 2g, Ballaststoffe 1,9g, Kartoffel gilt als nitratarmes Lebensmittel (dieser wird durch Schälen, Kochen und Wässern auf die Hälfte reduziert)

5.6 Antinutritive Inhaltsstoffe

- Obwohl es sich bei der Kartoffel um ein Lebensmittel handelt, sind alle oberirdischen Teile dieser Pflanze giftig. Der Verzehr dieser Teile kann im Extremfall den Tod zur Folge haben

5.7 Glycoalkaloide

- 1 bis 5 mg sind leicht bis schwer toxisch, 3-6 mg können lethal sein, 210 bis 420 mg / Person
- v. 70 kg können lethal sein, es werden 200mg / kg Frischmasse toleriert
- Glycoalkaloide sind sortenabhängig befinden sich in Keimlinge, Blüten, Kraut, Beeren, Knoll
- der Alkaloidgehalt ist besonders hoch in den Keimen, im Bereich der Augen und in der Kartoffelschale. Die Konzentration von Solanin und Chaconin nimmt von außen nach innen deutlich ab

5.7.1 Faktoren die den Glykoalkaloidgehalt beeinflussen

- **Sorte:** Sortenspezifisch erhebliche Unterschiede im Alkaloidgehalt, am Markt befindliche Sorten sind gesundheitlich unbedenklich
- **Wachstumsbedingungen:** Hagel, Frostschäden und kalte Vegetationsabschnitte können zu einer Erhöhung des Alkaloidgehalts führen
- **Reifezustand:** Unreife Kartoffeln enthalten mehr α- Chaconin und α- Solanin als reife Kartoffelknollen
- **Mechanische Verletzungen:** Verletzte Knollen enthalten deutlich mehr Glycoalkaloide als vergleichbare, nicht verletzte Kartoffeln
- **Lichteinfluss:** in ergrünten Knollen wurden stets höhere Mengen nachgewiesen, als in nicht ergrünten Knollen
- **Lagerung und Temperatur:** Eine ideale Lagertemperatur für Kartoffeln sind 10°C. Zu hohe und zu tiefe Temperaturen können zu einer Erhöhung des Alkaloidgehalts führen, ebenso eine lange Lagerung

5.7.2 Verringerung des Glykoalkaloidgehalts:

- Da ein wesentlicher Anteil der beiden Glycoalkaloide in der Schale und der Rinde zu finden sind, kann durch schälen eine starke Reduzierung des Gehalts erreicht werden
- Ergrünte; beschädigte und ausgekeimte Knollen sind auszusortieren, da in ihnen der Alkaloidegehalt immer höher ist als in unbeschädigten, nicht ergrünten und nicht gekeimten Knollen ist
- da Solanin und Chaconin hitzestabil sind könne sie nicht durch Kochen oder Braten eliminiert werden, sie sind jedoch wasserlöslich so das eine Extraktion ins Kochwasser erfolgt, deswegen das Kochwasser nicht mehr verwenden.

5.8 Maniok, Kassava, Cassava

- auch Brotwurzel oder Yuca, ist ein Wolfsmilchgewächs des tropischen Regenwaldes und wird dort als Stärkelieferant angebaut. Blätter werden als Gemüse verwendet. Maniok ist der
- anspruchslos und gedeiht bei nährstoffarmen Böden und Trockenheit. Maniok verdirbt schnell wenn es aus dem Boden kommt.
- Süße und bittere Sorten unterscheiden sich im Linamaringehalt (Blausäure)
- ein hoher Gehalt an diesem giftigen, bitteren und antinutrativen Inhaltsstoff cyanogenem Glykosid (Cyanogenesis) ist ein Nachteil der weit verbreiteten Nahrungspflanze.

5.9 Süßkartoffel

- Die Süßkartoffel spielt in den Anbauländern für die Bevölkerung eine große Rolle und wird dort wie bei uns die Kartoffel angesehen. Sie hat einen süßen Geschmack da sie viel Zucker enthält.
- Untersuchungen haben in Süßkartoffelchips einen Acrylamidgehalt von 260 mg ergeben.
- Acrylamid wird zur Herstellung von Polymeren und Farbstoffen verwendet und Acrylamid greift zum einen direkt die DNA an, zum anderen wird es von Leberenzymen in Glycidamid umgesetzt. Diesem reaktiven Stoff wird eine starke genotoxische Wirkung zugeschrieben.

5.10 Yam

- Gehört zur Familie der Yamwurzelgewächse und wird auch als Brotwurzel, Yam, Yams oder Yamwurzel bezeichnet, einige werden zu landwirtschaftlichen Zwecken angebaut und zu medizinischen Zwecken.

- eine Besonderheit der Pflanze sind die in den Blattachseln mancher Arten vorkommenden Luftknollen, die eine Spross- bzw. Zweigmetamorphose darstellen. Diese Knollen sind zwar auch stärkehaltig, enthalten aber auch oft Alkaloide und Sapogenine.

- Heilende Wirkung von Diosgenin ist dem körpereigenen Progesteron der Frau sehr ähnlich und regt die Bildung des Hormons DHEA an und man sagt diesem eine verjüngende Wirkung nach.

5.11 Taro

- Ist eine ausdauernde Sumpfpflanze, wächst vorwiegend in feuchten, tropischen Klimazonen.

- es werden vorwiegend die Stärkehaltigen Knollen verwendet aber auch der Verzehr der Blätter ist bekannt.

- Vorsicht zum Rohverzehr nicht geeignet, verursacht schwere Entzündungen im Mund- Rachenraum. Das Rhizom enthält Oxalatkristalle, die in Form von Nadeln (Rhapide) gespeichert werden. Diese sind gesundheitsschädigend und können Beschwerden verursachen, indem sie in die Mund- und Rachenschleimhaut eindringen.

Dort rufen sie ein Brennen und mechanische Schädigungen hervor.

- Oxalate können an der Bildung von Nierensteinen beteiligt sein

6 Zucker

- Zucker liefernde Pflanzen sind: Zuckerrohr, Zuckerhirse, Zuckerahorn, Zuckerpalme, Honigpalme und
  - Zuckerrübe: Zuckergehalt heute 17-24%, ist die Zuckerreichste Pflanze in Europa, in der Rübe wird Zucker in Form von Saccharose gespeichert, bedeutendste Rohstoffquelle für die Gewinnung von Zucker

6.1 Anbau und Ernte (Kampagne)

- die Zeit der Zuckerrübenernte und Rübenverarbeitung nennt man Kampagne. Sie beginnt Mitte September und dauert je nach Witterung und Erntemenge bis Ende Dezember

- die Ernte erfolgt nach dem ersten Jahr, da in diesem Zeitraum die Speicherung von Reservestoffen erfolgt und damit der Zuckergehalt, der den wirtschaftlichen Nutzen bestimmt, am höchsten ist. Zum Erntezeitpunkt hat die Rübe ein Gewicht von ca. 700-800 g. Der höchste Zuckergehalt konzentriert sich im Mittelstück der Rübe.

6.2 Gewinnung des Rohstoffes

- **Reinigung und Schnitzelproduktion:** hier entsteht auch ein Teil des Waschwassers da Rübe aus 75% Wasser besteht, Zerkleinerung zu dünnen Schnitzeln

- **Gewinnung des Rohstoffes:** in Extraktionstürmen, im Gegenstrom mit 70°C heißem Wasser, 99% aus den Rübenschnitzeln gewinnbar, der sogenannte Rohsaft hat eine graue bis schwarze Farbe und einen Zuckeranteil von 13-15%

- **Reinigung des Saftes:** nicht Zuckerstoffe werden mit Hilfe von zugesetzter Kalkmilch und Kohlensäure gebunden und ausgefällt, Zucker bleibt eine klare, hellgelbe Flüssigkeit – der Dünnsaft

- **Verdampfung und Kristallisation:** in der Verdampfungsstation wird dem Dünnsaft in mehreren hintereinander geschalteten Verdampfungsapparaturen solange Wasser entzogen, bis er als dickflüssiger Sirup (Dicksaft) einen Zuckergehalt von 65-70% hat. Diem Kristallisierung wird durch Zugabe von so genannten Impfkristallen in Form feinsten Zuckers angeregt. Dabei entsteht ein dickflüssiger Brei, der Füllmasse genannt wird, Der Kristallbrei wird zum Abkühlen in Maischen abgelassen, Rührwerke halten den Brei dabei ständig in Bewegung, die Zuckerkristalle wachsen in dieser Zeit weiter

- **Zentrifugierung und Trocknung:** in hochtourigen Zentrifugen werden die Zuckerkristalle vom zähflüssigen Sirup durch Abschleudern getrennt – Zuckersirup fließt ab. Zuckerkristalle bleiben in einem Sieb hängen und werden mit Wasserdampf vom restlichen Sirup getrennt – **weißer Zucker,** der fertige Zucker wird getrocknet und gekühlt und auf Förderbänder in große Silos transportiert.

- **Raffination:** weißen Zucker lösen und erneut kristallisieren

6.3 Zuckerarten

- **Puderzucker:** extra fein gemahlene Raffinade
- **Würfelzucker:** aus Raffinade, die angefeuchtet in Formen gepresst und anschließend getrocknet wird. Brauner Würfelzucker wird aus Kandisfarin hergestellt.
- **Zuckerhut:** kegelförmig gepresst
- **Hagelzucker:** ist aus besonders grobkörniger, granulierte Raffinade
- **Brauner Zucker:** ist ein feinkörniger Spezialzucker, der aus braunem Kandissirup gewonnen wird, Durch Erhitzen verändert der helle Zuckersirup seine Farbe. Seine Karamell- und Bräunungsstoffe verstärken das Aroma und verbessern die Bräunung und die Struktur von Backwaren
- Kandiszucker: aus reinen Zuckerlösungen, durch langsames Auskristallisieren
- Gelierzucker, besteht aus Raffinade und reinem Pektin, Zitronen-, Weinsäure Ahornsirup: wird gewonnen aus den Bäumen Zucker- Ahorn und Schwarzer- Ahorn, ab einem Alter von 40 Jahren eignen sich die Bäume zum Anzapfen. Durch Anbohren des Stammes kann ein Teil des Pflanzensaftes entnommen werden.
- Der gesammelte Pflanzensaft wird durch Kochen über einem Holzfeuer eingedickt bis der Zuckeranteil bei 60% liegt (für 1l Ahornsirup werden 30- 50 l Saft benötigt die ein einzelner Baum hervorbringt)
- es gibt drei Güterklassen U.S Grade A, B, C für reinen Ahornsirup
- Geschmacksrichtungen sind Light Amber, Medium Amber, Dark Amber (Farbe und Geschmack werden stärker)

7 Fette und Öle

- Pflanzliche Öle und Fette werden gewonnen aus:
  - Fruchtfleischfette: Palmöl, Olivenöl, Avocadoöl
  - Samenfette: Sojabohne, Rapssaat, Baumwollsaat, Sonnenblumensaat, Erdnuss, Palmkern, Kokosnuss, Maiskeime, Weizenkeime
  - Spezialitäten: Distel, Haselnuss, Kakaokerne, Kürbiskern, Leinsaat, Mandeln, Mohnsaat, Sesamsaat, Traubenkerne, Walnuss

7.1 Raps

- Aufgrund der hervorragenden ernährungsphysiologischen Eigenschaften, die sich aus der Fettsäurezusammensetzung ergeben, ist es sehr beliebt. Problem nach der Gewinnung lassen sich Geschmacksfehler durch evtl. falsche Lagerung nicht mehr korrigieren. Deswegen gibt es auf dem Markt Qualitätsunterschiede
- bei Raps wird der Erucasäuregehalt beurteilt, frei davon wird Saatgut mit nicht mehr als 2% beurteilt.
- Glucosingehalt oder Glucosinolatgehalt bzw. Glucosinolate sind unerwünschte Inhaltsstoffe,
- d.h. je geringer der Gehalt an diesen Stoffen desto besser

7.2 Hauptfettsäuren

- Laurinsäure (12:0) in Kokosfett
- Palmitinsäure (16:0) in Kokosbutter, Baumwollsaatöl, Palmöl
- Stearinsäure (18:0) in Kakaobutter
- Ölsäure (18:1) in Kakaobutter, Erdnussöl, Haselnussöl, Safloröl, SB-Öl, Mandelöl, Olivenöl, Palmöl, Rapsöl,
- Linolsäure (18:2- Omega 6) in Baumwollsaat, Distelöl, Sojaöl, Sonnenblumenöl, Traubenkernöl, Maiskeimöl, Rapsöl, Walnussöl, Weizenkeimöl
- α Linolensäure (18:3- Omega 3) Leinenöl, Rapsöl, Walnussöl, Weizenkeimöl

7.3 Öl- und Fettgewinnung

- Extraktion: Herauslösen oder Entfernen eines oder mehrerer Stoffe aus einer Substanz. Bei der Extraktion von Ölsaaten wird das Öl von den restlichen Bestandteilen der Saat mit Hilfe eines Lösungsmittels getrennt. Das Lösungsmittel selbst wird anschließend durch Destillation wieder vollständig aus dem Öl entfernt, Lösungsmittel ist z.B. Hexan

7.3.1 Raffination

- Zweck dieses Prozesses ist es, unerwünschte Begleitstoffe zu entfernen und somit Öle und Fette zu reinigen (Pestizide, Schwermetalle, Aflatoxine (Schimmelpilz), Pflanzenfarbstoffe, Metalle (Ranzigkeit)) es werden zwei Verfahren mit vier prinzipiellen Prozessschritten unterschieden:
  a) Chemische Raffination
  b) Physikalische Raffination:

- **Entschleimen:** Hauptziel ist das Entfernen von Schleimstoffen wie Phosphaltide, eiweiß- und kohlenhydrathaltige Stoffe, pflanzliche Schleimstoffe die das ranzig werden fördern, Fließfähigkeit beeinträchtigen und Absetzen von Bodenschlamm beseitigen. Es werden überwiegend Phosphor- oder Zitronensäure verwendet. Einige Öle können auch durch Hitze entschleimt werden bei 240-280 Grad (Brechen des Öls). Als Nebeneffekt werden auch Metalle entfernt

- **Entsäuern (Neutralisieren):** die freien Fettsäuren müssen entfernt werden um lipolytische Prozesse enzymatischer oder mikrobieller Natur zu entfernen die das fett spalten. Dazu kommen chemisch hydrolytische Vorgänge und Autooxidationen, die zur Bildung freier Fettsäuren führen. Als Reinigungsmittel wird Lauge verwendet. Als Nebeneffekt werden auch Metalle und Schleimstoffe entfernt

- **Bleichen:** Benutzt wird Kieselerde um unerwünschte Farbstoffe zu entfernen. Zudem werden Seifenreste entfern. Die Kieselerde lässt sich vollständig wieder entfernen.

- **Dämpfen (Desodorierung):** Beim Dämpfen setzt man das Öl unter Vakuum überhitztem Wasserdampf aus, der unerwünschte Geruchs- und Geschmacksstoffe aufnimmt und aus dem Öl entfernt. Zudem werden als Nebeneffekt freie Fettsäuren, Pestizide, Herbizide, polyzyklischen Kohlenwasserstoffe entfernt.

7.3.2 Modifikation:

- **Winterisierung:** rein physikalisch, vereinfachte Art der Fraktionierung. Ziel ist die Vermeidung von Trübungen (Kristalle), bleibt auch im Kühlschrank klar

- Fraktionierung: rein physikalischer, Trennen des Rohstoffes in Produkte unterschiedlicher Schmelzbereiche. Ziel ist Veränderung des Schmelzverhaltens im Mund

- **Umesterung:** kombiniert chemisch-physikalisch, Fettsäuren wechseln die Plätze in den Fettmolekülen (neu geordnet zusammengesetzt). Ziel ist festere Konsistenz, flüssiger Öle, Fette mit exakt definierter Konsistenz d.h. mit bestimmten Kristallisations- und Schmelzeigenschaften (Schmelzverhalten)

- **Härtung:** chemische Hydrierung- aus ungesättigten Fettsäuren entstehen durch Anlagerung von Wasserstoffen gesättigte Fettsäuren. Ziel ist Erhöhung der Konsistenz flüssiger und halbfester Öle, d.h. Anheben des Schmelzpunktes, Verbesserung der Oxidationsstabilität, d.h. Schutz vor schnellem Verderb

8 Leguminosen

- Leguminosenarten: Erbsen, Linsen, Bohnen, Sojabohne, Erdnuss
- Trockenreife Samen wie Erbsen, Bohnen, Linsen, Soja, Erdnüsse
- Getrocknete unreife Erbsen und Bohnen werden als Trockengemüse bezeichnet

8.1 Bedeutung:

- hoher Eiweißgehalt - bei fleischarmer oder vegetarischer Kost sind sie fast unverzichtbar,
- Kohlenhydrate unter denen einige Mehrfachzucker die bekannten Blähungen verursachen,
- antinutritive Bestandteile

8.2 Zusammensetzung:

- 82-90g Wasser
- 2,5-6 g Proteine
- 0,3 g Fette
- 6,5-8,5 g Kohlenhydrate

8.3 Inhaltsstoffe

- Eine direkte Bewertung der Proteine erfolgt über die Anteile der essentiellen Aminosäuren im Vergleich mit dem Aminosäurenmuster eines sog. FAO- Referenzproteins. Aus der Gegenüberstellung der Anteile essentieller Aminosäuren geht hervor, dass durch den vergleichsweise niedrigen Gehalt an schwefelhaltigen Aminosäuren die Proteinwertigkeit limitiert wird

- Essentielle Aminosäure, die in einem Nahrungseiweiß in zu geringer Menge vorhanden ist und somit die Qualität des Eiweißes (biologische Wertigkeit) begrenzt.

- sehr günstig ist der Lysingehalt, im Protein der Leguminosen zu bewerten. Mit Ausnahme von Erdnuss wird der Anteil im Referenzproteine erreicht oder gar überschritten

- da in den Getreideproteinen das Lysin die Wertigkeit limitiert und Thioaminosäuren (Cystein und Methionin) in ausreichender Menge vorhanden sind, wird bei gleichzeitigem Verzehr von Getreide und Leguminosen die Proteinwertigkeit beider Komponenten wesentlich verbessert

- die Fette aller Leguminosenarten zeichnen sich durch einen hohen Anteil ungesättigter Fettsäuren aus und sind somit ernährungsphysiologisch wertvoll

8.3.1 Inhaltstoffe Kohlenhydrate

- Unlösliche (unverdauliche) Kohlenhydrate (Ballaststoffe) – Cellulose, Pento- und Hexosanen und Lignin

- Lösliche Kohlenhydrate – Stärke in Kichererbsen undLinsen enthalten besonders viel, Erdnuss, Sojabohne und Lupinen nur in geringen Mengen bzw. Spuren

- ein wesentliches Merkmal der Leguminosensamen ist ihr vergleichsweise hoher Gehalt an Oligosaccharide , insbesondere Saccharose, Stachyose und Verbascose, Raffinose, Pento- und Hexane verursachen beim Verzehr von Hülsenfrüchten die bekannten Flatulenzen

8.3.2 Mineralstoffe und Vitamine

- Hülsenfrüchte gelten allgemein als "reich" an Mineralstoffen un Vitaminen, jedoch sehr niedrige Ca- Gehalt und äußerst ungünstiges Ca-P Verhältnis, erhebliche Anteile liegen als Phytin-P vor, Na-Konzentration sehr niedrig

- Sojabohne, Linse hohe Anteile an Zink, Erdnuss hoher Anteil an Eisen

- die Vitamingehalte hängen wesentlich von den Anteilen der Hauptinhaltsstoffen ab, insbesondere Vitamin (E) sind deutlich positiv mit dem Ölgehalt der Samen korreliert

- die wasserlöslichen Vitamine des B-Komplexes sowie Niacin und Panthothensäure sind, im Vergleich mit Getreidearten, in den Leguminosen reichlich vorhanden

- beachtlich ist der Vitamin E Anteil in Sojabohne und Erdnuss reifen Samen

8.3.3 Antinutritive Inhaltsstoffe

- Stoffe die unverdauliche oder nicht resorbierbar sind, Verbindungen welche die Resorption von nutritiven Stoffen verhindert oder einschränkt, direkt toxisch wirken

- unter antinutritiven Komponenten von Nahrungsmitteln oder Rohstoffen werden üblicherweise verstanden: genuine Pflanzeninhaltsstoffen og. Wirkungen, die in der Pflanze synthetisiert werden (nicht durch äußere Einflüsse z.B. Rückstände von Pflanzenschutzmitteln)

- in der Familie der Leguminosen wird eine vergleichsweise hohe Anzahl verschiedener antinutritiver Inhaltsstoffe gebildet, so dass **der Verzehr roher Samen in aller Regel gesundheitsschädlich** ist

Antinutritive Inhaltsstoffe:

Stoffgruppe	Chemische Verbindungen	Wirkung	Vorkommen
Phenolderivate	Tannnine	Hemmung eiweißspaltende Enzyme, herabgesetzte Proteinverdaulichkeit	Ackerbohnen, Erbsen
Proteine	Lectine	Blutschädigend, beeinträchtigen körpereigener Abwehrmechanismen	Ackerbohnen, Erbsen, Lupinen
	Protease- Inhibitoren	Hemmen Trypsin und a- Chymotrypsin Wachstumsdepressionen	
Glycoside (Gehalt gering) -Linamarin wird durch zelleigenes Enzym in Glucose, Aceton und Blausäure gespalten	Vicin, Convicin,	Störung des Fettstoffwechsels	Ackerbohnen, Wicken
	α-Galactoside		Lupinen, Erbsen, Ackerbohnen
	Cyanogene Glucoside (besonders Giftig)	Vergiftungserscheinungen durch freigesetzte Blausäure	Wicken, Limabohne
Alkaloide (Stickstoffhaltige Verbindungen) viele Gift und Heilpflanzen	Spartein, Lupinin, Lupanin, Hydroxylupanin, Angustifolin	Leberschädigend, Atemlähmend, Futteraufnahmesenkung	Bitterlupinen, nur Spuren in Süßlupinen
Antivitamine			Ackerbohnen

Tabelle 1: **Antinutritive Inhaltsstoffe Leguminosen Quelle: Eigene Zeichnung**

8.4 Leguminosen Sorten (Hülsenfrüchtler):

8.4.1 Erbse

- Ackererbse, Palerbsen, Markerbsen, Zuckererbsen
- Erbsen enthalten wie die meisten Leguminosen Pytoöstrogene, die die Fruchtbarkeit von Säugern reduzieren
- Erbsen enthalten im geringen Ausmaß auch cyanogene Glycoside (Linamarin)

8.4.2 Kichererbse

- für Eintopf, Püree, geröstet, Zutat Couscous Gerichte, Herstellung Falafel, Humus

8.4.3 Strauchenerbse (Taubenerbse)

- ist einer der wichtigsten Leguminosen in den Tropen

8.4.4 Linse

- Linsensamen, Geschälte rote und gelbe Linsen, grüne (ungeschälte) Tellerlinsen,
- Linsen sind leichter verdaulich als Erbsen oder Bohnen, Bemerkenswert ist ebenso ihr überdurchschnittlicher hoher Gehalt an Zink
- da sie kleiner sind als andere Hülsenfrüchte brauchen sie keine so lange Einweichzeit

8.4.5 Bohnen

- Bohne ist eine Sammelbezeichnung für eine Reihe von Hülsenfrüchtlern, die in der Unterfamilie der Schmetterlingsblütler

8.4.5.1 Limabohne

- einige Sorten enthalten Cyanogene in gesundheitsgefährdender Konzentration

8.4.5.2 Feuerbohne

- Zierpflanze

8.4.5.3 Gartenbohne

- Stangen,-Brech,-Grüne,-Prinzess,-Kenia,-Wachs,-Kidney,-Schwarze,-Weißebohne

8.4.5.4 Ackerbohne

- Puffbohne, Saubohne, wird als Viehfutter angebaut

8.4.5.5 Akzukibohne

- wird vor allem in China angebaut und ist in Südostasien verbreitet

8.4.5.6 Mungobohne

- bekannt sind die Sprossen der Bohne die Mungo Bohnensprossen, aus den Bohnen werden Glasnudeln hergestellt, verursacht keine Blähungen

8.4.5.7 Goabohne (Flügelbohne)

- Verwendung Blätter als Gemüse, reife Samen, Wurzelknollen, hoher Eiweißgehalt, 15% Ölgehalt,

8.4.5.8 Guarbohne

- wird als Guarkernmehl (E412) Verdickungsmittel genutzt und findet Verwendung in der Papier- ,Kosmetik-, und Pharmaindustrie (Samen werden gemahlen)

- das Proteine der Sojabohne ist eines der wenigen Pflanzen Eiweiße, das als vollwertig bezeichnet wird, da es 39% an essentiellen Aminosäuren im Protein dem Hühnerei am nächsten kommt, -auch die Fettsäurezusammensetzung mit 48 bis 52% Linolsäure und 23 bis 32% Ölsäure sowie 8-12% gesättigte Fettsäuren ist für die Verwendung in der Ernährungsindustrie recht günstig, der Tocopherolgehalt des Sojas, dem als Antioxidans und Vitamin E eine besondere Bedeutung zukommt, mit beachtlich hohem Anteil an Öl, - ebenso

- ist der Anteil an Phospholipiden beachtlich, so dass eine Lecithin Gewinnung aus Sojabohnen erfolgen kann

8.4.6 Erdnuss

- in Erdnüssen wurde Aflatoxin ein hochgiftiges Stoffwechselprodukt des Pilzes Aspergillus im Erdnussmehl entdeckt. Dazu kamen noch Aspertoxin und Parasiticol. Die Aspergillus-Arten wachsen bei 14-15% Feuchtigkeit 75-80% Luftfeuchtigkeit und Temperaturen von 18-35°C sehr schnell und können große Mengen ihrer Toxine bilden. Durch sorgfältige Lagerung der Erdnussernten und der Produkte muss die Ausbreitung der Pilze verhindert werden

- Erdnuss enthält eine gute Zusammensetzung der Aminosäuren, zudem 25% Protein, 48% Fett, lösl. Kohlenhydrate, 10,9 % Rohfaser, 2,2% Mineralstoffe, 5,2% Wasser

8.5 Öl aus Leguminosen:

- Erdnuss, Sojabohne, Goabohne – Samenöl

9 Gemüse

- essbare Teile einjähriger Pflanzen, alle im frischen Zustand nicht luftgetrocknete Pflanzenteile (Blätter, Knospen, Wurzelstöcke, Knollen Zwiebeln, Stängel, Sprossen, Blüten, Früchte, Samen), die roh gegart oder konserviert der menschlichen Ernährung dienen

- Energiearmes Lebensmittel, außer Wurzel- und Knollengemüse

9.1 Inhaltstoffe

- Bedeutung liegt in der Zufuhr von lebensnotwendigen (essentiellen) Stoffen, die in anderen Lebensmittel nicht oder nur unzureichender Menge enthalten sind

9.1.1 Kohlenhydrate

- ist bei Gemüse der Hauptbestandteil der Trockensubstanz, mehr Stärke als löslicher Zucker (besonders Kartoffeln), enthaltene Zucker sind Glucose, Fructose, Saccharose dominant (bei Korbblütler z.B. Artischocke, Schwarzwurzel anstelle von Stärke das aus der Fructose aufgebaute Polysaccharid Inulin (Prebotikum z.B. Futter für Probeotika in Actimel Darmbakterien))

9.1.2 Vitamine

- Mineralstoffe und bioaktive Inhaltsstoffe z.B. Ballaststoffe (150g Spinat = 30g empfohlene Menge Ballaststoffe pro Tag die Hälfte des täglichen Bedarfs)

9.1.3 Mengenelemente

- reich an Kalium, Calcium, Eisen, Magnesium, auch Natrium, all diese Mineralien liegen als Chloride, Sulfate, Phosphate oder Silicate vor.

9.1.4 Spurenelemente

- vor allem Eisen, Kupfer, Mangan, Bor, Zink, Kobalt und Selen im Gemüse
- Farbstoffe

9.1.5 Organische Säuren

- Apfelsäure (überwiegend)
- Citronensäure in Erbsen, Kartoffeln, Rosenkohl, Rote Beete, Kartoffeln, Schwarzwurzel, Spargel, Tomate, Wirsing
- Oxalsäure in Spinat, Mangold, Rote Rüben, Bohnen
- im Gegensatz zum Obst liegen die Säuren als ihre Salze vor (kein saurer Geschmack)

9.1.6 Ballaststoffe

- viele Gemüsesorten tragen zu nennenswerten Mengen an Ballaststoffen bei

9.1.7 Farbstoffe

- Färbung von Gemüsen in erster Linie durch Chlorophylle, Carotinoide, Flavonoiden, Farbstoff in Roten Rüben ist aber Betain (pH Wert abhängig)

9.1.8 Aromastoffe

- man kann hier in drei Gruppen unterteilen
- der Aromaeindruck wird durch eine komplexe Mischung vieler Aromastoffe verursacht (z.B. Erdbeere)
- der Aromaeindruck wird durch einige wenige Leitsubstanzen bestimmt (z.B. Tomate)
- der Aromaeindruck wird im wesentlichem durch eine einzelne Aromakomponente geprägt, weitere Aromastoffe tragen hier nur zur Abrundung des gesamten Aromaeindruck bei (z.B. Knoblauch)

9.1.9 unerwünschte Inhaltsstoffe

- **Glykoside oder Alkaloide** in den Solanaceae als *Solanin* in Kartoffeln und grünen Tomaten (auch Tomatin in unreifen Tomaten

- Oxalsäure liegt in großen Mengen in Spinat, Sellerieknollen, Rote Rüben, Rhabarberblätter und auch der Sauerampfer vor, Oxalat-Anion wird im Körper durch KALZIUM GEFÄLLT; WAS ZU Kalziummangel und Nierensteinen führen kann

- **Cyanogene (Glucoseoxidase),** wenn auch häufig nur in geringen Konzentrationen in Cassawa-Wurzel, Süßkartoffel, Zuckerhirse, Bambusssprossen, Zuckerrohr und auch in Limabohne. Gemüsepflanzen die diese blausäurehaltige Glucoside enthalten sind kommen die Glucosidaseenzyme extrazellulär vor. Werden durch Quetschen und Kochen entfernt

- im Zusammenhang mit Gemüse wird immer auch **Nitrat** genannt welches für das Pflanzenwachstum wichtig ist aber gewissen Mengen für den Menschen Gesundheitsgefährdend ist. Krebserregend, Sauerstoffmangel, Blutarmut. Der Anbau folgt Richtlinien um den Nitratgehalt niedrig zu halten

9.2 Verarbeitung

- Industriegemüse wird nach Handelsklasse A und B sortiert und bezahlt, die Richtlinien für Qualitätsnormen sind *Güteeigenschaften, Größensortierung, Toleranzen und Weigerungsrecht*. Mindesteigenschaften müssen aber auch hier erfüllt werden wie gesund, frisch, nicht welk, sortenrein, frei von fremdem Geruch und Geschmack, sauber und ohne sichtbaren Rückstände von Behandlungsmitteln
- **besondere Anforderungen** *für einzelne Gemüse*, wie einen sehr eng definierten Reifezustand (Zucker-, Säuregehalt, Farbe, Feststoffgehalt) und attributive Eigenschaften z. B. für Bohnen (frei von Fäden und Bast) usw.
- **Größensortierung:** die Einteilung des Erzeugnisses kann nach Querdurchmesser, Umfang oder Gewicht erfolgen

- **Toleranzen:** in Bezug auf die Größensortierung werden gewährt, die die Höchstgrenze festsetzen, die bei der Abweichung von der Anforderung nicht überschritten werden. Dieser Wert liegt bei 10%
- **Gleichmäßigkeit:** Gelichmäßigkeitskriterien der Ware werden hinsichtlich des Ursprungs, Sorte oder Handelstyps, Güte (Klasse), Entwicklung und Reife, Färbung und Größe gestellt

9.3 EU- Normen und Handelsklassen

9.3.1 Gütereigenschaften (Mindestanforderungen und Klassenkriterien)

9.3.1.1 Mindestanforderungen

- Ganz, Gesund, Sauber, praktisch frei von Schädlingen und Schäden durch Schädlinge, frei von anormaler äußerer Feuchtigkeit, frei von fremden Geschmack und Geruch, frisches Aussehen, genügend entwickelt und reif

9.3.1.2 Klassenkriterien

- Klasse extra: Erzeugnisse sind von höchster Qualität, dürfen jedoch sehr leichte oberflächliche Schalenfehler aufweisen
- Klasse I: Erzeugnisse von guter Qualität, leichte Fehler sind zulässig
- Klasse II: Erzeugnisse von marktfähiger Qualität, die Fehler aufweisen, aber nicht verdorben sein dürfen. Die Ware muss verzehrfähig sein

9.4 Physiologische Vorgänge

- Gemüse sind lebende Pflanzenorgane, die beim Erntevorgang aus ihrem biologischen Verband herausgelöst werden, sie haben einen höheren Stoffwechsel, der zu einem schnellen Abbau des Frischegerades führt, sind der Entwicklung und Ausbreitung von mikrobiologischen Schaderregern ausgesetzt, sie sind klimatischen Bedingungen der Lagerung ausgesetzt
- Ziel ist es einen Zustand der dem erntefrischen Zustand noch sehr nahe kommt zu erreichen
- Stoffwechselaktivitäten der einzelnen Gemüsearten sehr verschieden und unterschiedlich und in jedem Fall werden Abwärme und Gase freigesetzt
- **Stapelbarkeit** der einzelnen Arten sehr unterschiedlich, bestimmt durch spezifische Form der Organe
- **Lagerfähigkeit** des Gemüses ist stets an die Lebensfähigkeit des pflanzlichen Gewebe gebunden, stirbt das Gewebe (Zelltod) durch natürliche oder künstliche Einwirkungen so tritt die Autolyse (Selbstverdauung) ein und breiten sich saprophytische Mikroorganismen aus (auf totem Gewebe lebende)

9.4.1 Eigenschaften des Stoffwechselprozesses während der Lagerung

- die Aufgabe der Lagerung ist es die Stoffwechselprozesse zielgerichtet zur Erhaltung des Frischezustandes zu nutzen und folgende Stoffwechselprozesse müssen beachtet werden:
  - die **Atmung**, der **Reifeprozess**, das Austreiben zweijähriger Arten, die Alterung, die Transpiration

9.4.2 Atmung

- Atmung ist der oxidative Abbau organischer, energiereicher Verbindungen zu anorganischen, energieärmeren Endprodukten (CO_2, H_2O)
- Atmung ist der wichtigste physiologische Prozess während der Lagerung, da sie Energie (in Form von ATP) für innere Stoffwechselprozesse bereitstellt, Energie als Atmungswärme freisetzt
- Ausgangssubstanzen für die Atmung sind vorwiegend die gespeicherten Kohlenhydrate, selten die organischen Säuren

9.4.3 Reifung

- die Reifung ist ein typisches Entwicklungsstadium bei Fruchtgemüsearten, die determinierte Samenträger sind
- die Reifung beendet den Abschnitt der vollen Organausbildung (Wachstumsabschnitt) und leitet – unter erheblichen stofflichen Veränderungen – zur Seneszenz (Alterung) über zwei Ablaufformen der Reifung sind zu unterscheiden:

a) Zielform: trockene Früchte (Bohnen, Erbsen) erfahren ***aufbauende Prozesse*** – Zucker- Dextrine- Stärke, Aminosäuren-Proteine

b) Zielform: saftige und weiche Früchte (Tomaten, Paprika...) erfahren ***abbauende, hydrolytische Prozesse*** Potopektine-Pektine-Disaccharide-Monosaccharide, Veränderung im Säure- und Zuckergehalt, Geschmacks- und Aromabildung, Chlorophylle werden abgebaut andere Farbstoffe werden sichtbar (Lycopin, Carotin, Xanthophyll)

9.5 Einteilung von Gemüse

9.5.1 Kohlgemüse

- Blumenkohl, Broccoli, Chinakohl, Kohlrabi, Rosenkohl, Grünkohl, Rotkohl, Weißkohl, Wirsing
- Charakteristisch ist der Gehalt an Glucosinolaten die ihnen ihren typischen Geschmack geben und beim Kochen den Kohlgeruch verleihen, Glucosinolaten sind Senföle und kommen in allen Kohlarten, Rettichen, Kresse und Senf vor. Wenn sie nach dem Zerkleinern des Gemüses mit Sauerstoff in Kontakt treten, entstehen gesundheitliche

- als typische Wintergemüse dienen sie als Vitamin C Versorger und anderen wertvollen Inhaltstoffen
- Kohlgemüse ist in Deutschland das am meisten angebaute Gemüse

9.5.2 Wurzel- und Knollengemüse

- Fenchel, Kohlrübe/ Steckrübe, Meerrettich, Karotte, Pastinake, Petersilie, Radischen, Rettich, Rote Rübe/ Rote Beete, Schwarzwurzel, Sellerie, Topinambur, Weiße Rübe
- Knollen- und Wurzelgemüse sind Sammelbezeichnungen für Gemüsearten, deren essbarer Teil an der Wurzel und/oder dem unteren Sprossanteil ausgebildet wird
- dank ihrer langen Haltbarkeit (guten Lagerfähigkeit) stehen sie den ganzen Winter bis ins Frühjahr zur Verfügung

9.5.3 Zwiebelgemüse

- Porree/ Lauch, Knoblauch, Zwiebel
- alle Zwiebelgemüse haben einen mehr oder weniger ausgeprägten scharfen Geruch und Geschmack, der auf ihren Gehalt an Sulfiden (Schwefelverbindungen) zurückzuführen ist
- Sulfide liegen in den Pflanzenteilen als inaktive Vorstufen vor und werden erst durch das Zerkleinern über zelleigene Enzyme aktiviert. In ihren gesundheitlichen Wirkungen sind sie äußerst vielseitig und übertreffen hierin alle anderen sekundären Pflanzenstoffe
- besonders konzentriert liegen sie im Knoblauch z.B. in Form von Allicin vor

9.5.4 Blattgemüse

- Brunnenkresse, Chicorée (Bitterstoffe, Minerale, Vitamine), Endivie, Feldsalat, Fenchel, Gartenkresse, Kopfsalat, Löwenzahnblätter, Mangold, Petersilie, Schnittlauch, Spinat
- ab Oktober werden die Wurzeln mit einer Grabgabel vorsichtig aus dem Boden genommen und auf dem Beet liegengelassen damit sie dem Blattwerk noch weitere Aufbauprozesse entziehen können.

9.5.5 Stängelgemüse

- Bleichsellerie, Rhabarber, Spargel
- die Blätter des Rhabarbers sind aufgrund ihres äußerst hohen Oxalsäuregehalts giftig. Sie dürfen keinesfalls verzehrt werden. Auch in den Stängeln sind geringe aber dennoch beachtliche Mengen enthalten. Deswegen sollte Rhabarber vor dem Verzehr geschält werden. Kinder sollten aus diesem Grund auch nicht si häufig und viel Rhabarber

- Aubergine, Bohnen, Gurke, Kürbis, Paprika, Squash, Tomate, Zucchini, Zuckermais

9.5.6.1   Phasin:

- Bohnen dürfen nicht roh verzehrt werden. In rohen Zustand enthalten sie die giftige Eiweiß-verbindung **Phasin**, die Brechdurchfall und blutige Dünndarmentzündungen hervorrufen können (durch 15 min garen oder durch Milchsäure wird das Phasin zerstört)

9.5.6.2   Cucurbitacin

- wenn Zucchini, Kürbisse oder Melone bitter schmecken, können sie den Giftstoff **Cucurbitacin** enthalten, der zu Schleimhautentzündung, Erbrechen, Durchfall führen kann. Cucurbitacin ist ein Bitterstoff der in Wild- und Zierkürbissen vorkommt.

9.5.6.3   Solanin

- unreife Grüne Tomaten, wie alle grünen Teile der Tomatenpflanze, enthalten das giftige Alkaloid **Solanin**. Der Giftstoff kann Kopfschmerzen, Halsweh, Erbrechen, Magen- Schleimhautentzündungen sowie Krämpfe verursachen, Solanin wird weder durch Kochen noch durch Säuerung zerstört

10 Obst

- als Obst werden eine Reihe essbare saftige-fleischige Früchte mehrjähriger Pflanzen bezeichnet. Da der Wassergehalt im allgemeinen 80-90% (Ausnahme Schalenobst) beträgt, zählt Obst zu den energiearmen Lebensmitteln. Und im Gegensatz zu Gemüse können alle Obstsorten roh gegessen werden
- Zahlreiche Obstsorten werden in 6 Hauptgruppen eingeteilt: **Kernobst, Steinobst, Beerenobst, Südfrüchte und Exoten, Schalenobst, Wildfrüchte**

10.1 EU- Normen und Handelsklassen

- Mindestanforderungen: genügend entwickelt und gereift, frisches Aussehen, ganz, gesund, praktisch frei von Schädlingen und Schäden durch Schädlinge, sauber und frei von sichtbaren Fremdstoffen, frei von anormaler äußerer Feuchtigkeit

10.2 Inhaltsstoffe

- Wasser 80-90%, Stickstoffverbindungen 0,3-1,3%, Kohlenhydrate (verdauliche) 4-16%, Lipide 0,1-1%, Mineralstoffe, Ballastoffe, Organische Säuren, Farb- und Aromastoffe, Vitamine, bioaktive Substanzen

- Organische Säuren: das Säurespektrum und die Verhältnisse der Säuren zueinander sind Teil der Geschmacksprägung der jeweiligen Fruchtart bzw. Sorte und relevant in der Qualitätsbeurteilung z.B. von Säften (Oxalsäure, Milchsäure, Apfelsäure, Weinsäure, Zitronensäure usw.)

10.3 Fruchtentwicklung und Reifung

- Beginn der Verzehrbarkeit, Abschluss des natürlichen oder wünschenswerten Wachstums, Start der Periode maximalen Gebrauchswert, Periode optimalen Genusswerts, Beginn des Überwiegens von Abbauvorgängen, Ende der Brauchbarkeit für den menschlichen Konsum

- Fruchtausbildung, Zellstreckung (Wachstum) Energie dafür aus Atmung a. Atmungsminimum (Unreife) b. Lagerfähigkeit (Baumreife) c. aus dem Minimum heraus Anstieg (Genussreife) bis hin zur Überreife

- allgemeine Regel: bei kurzer Vegetationszeit einer Frucht zur Erntereife ist die Stoffwechselaktivität höher und die Haltbarkeit/ Lagerfähigkeit kürzer (und umgekehrt)

- es gibt verschiedene Einflussfaktoren auf die Fruchtgröße und –Qualität (Blatt-Frucht- Verhältnis, Fruchtanzahl pro Baum, Baumalter, Schnitt, Licht, Standort, Mineralversorgung)

- Fruchtreifung im Überblick: Farbwechsel, Abbau von Stärke oder Oligosacchariden, zu Monosacchariden, Abbau von organischen Säuren, Synthese von Aromastoffen, Synthese von Wachsüberzügen, Veränderung und Abbau Texturogene

- Fruchtreifung ist meist mit Farbänderungen verbunden (Abbau des Chlorophylls, Synthese von Carotinoiden oder Flavonoiden

- **Unreif** ist ein Apfel, solange er den Prozess des Nachreifens noch nicht eigenständig, also fern vom Baum, vollziehen kann.

- **Pflückreif für die Langzeitlagerung** ist ein Apfel, sobald er diesen Prozess des Nachreifens baumfern selbst vollziehen kann. Er ist stabil und lagerfähig, konnte aber noch nicht viele Aroma- und Inhaltsstoffe ausbilden.

- **Pflückreif für den Versand** ist ein Apfel mit festem Fruchtfleisch, der innerhalb der nächsten Wochen zum Endverbraucher geht.

- **Pflückreif für die Direktvermarktung** sind Äpfel mit viel Geschmack und vielen Inhalts- und Aromastoffen, die nur noch einen kurzen Weg zum Kunden haben.

- **Baumreif** verfügt der Apfel über die optimale Inhaltsstoff-Zusammensetzung, ist aber druckempfindlich und nicht mehr lange lagerfähig.

- **Genussreif** sind Äpfel, wenn sie auch ihr volles Aroma ausgebildet haben, bei Lagersorten oft Wochen nach der Baumreife.

- **Notreif** werden Früchte aufgrund von Schädlingsbefall oder ungünstigen Umwelteinflüssen.

- **Überreif** sind glanzlose, schrumpelige, überlagerte, fad schmeckende Früchte.

10.4 Reifung und Lagerung

10.4.1.1 Ethylen

- Ethylen entsteht aus der Aminosäure Methionin und wird über mehrere Zwischenschritte zu Co2- Ethylen und HCN. Stimulierung der Ethylensynthese durch Ethylen und Hemmwirkung durch hohe Co2 und reduzierte O2 Konzentrationen (CO2/O2)

10.4.1.2 Orte und Bedingung der Ethylenbildung

- höchste Produktion in alternden Geweben, reifenden Früchten, Blattabfall, Alterung von Blüten und Auslöser sind: Verwundung, Temperatur-, Wasserstress, Krankheiten, Frost

10.4.1.3 Klimakterische und Nichtklimakterische Früchte

- Klimakterisch: nach der Ethylenapplikation durch typische Atmungszunahme, als Klimakterium gekennzeichnet z.B. Trauben, Äpfel, Tomaten, Bananen
- Nichtklimakterische: keine Zunahme von Ethylen bei der Reife z.B. Trauben, Kirschen, Erdbeeren

10.4.1.4 Lagerung von Obst

- alles Obst der Großverteiler stammt aus so genannten CA-Lagern (controlled athmosphere). Bei der dynamischen CA-Lagerung werden die flüchtigen Stoffe kontinuierlich erfasst, welche die reifenden Früchte ausscheiden, sodass die Lagerbedingungen maßgeschneidert gesteuert werden können. Auf diese Weise aufbewahrte Äpfel enthalten noch nach fünf Monaten praktisch gleichviel Vitamin C wie bei der Ernte; im Kühllager entgegen nur noch 30 Prozent

10.4.1.5 CA-Lager oder ULO-Lager

- im CA-Lager oder ULO-Lager (ultra low oxygen) veratmen Äpfel den Sauerstoff der Luft. Es entsteht CO2 welches mit Kalk oder über einen Aktivkohlefilter entzogen wird. Die Kühlzeile muss dazu absolut luftdicht sein

- die Atmosphäre wird jeden Tag mit speziellen Messgeräten kontrolliert, damit die Werte eingehalten werden (02 Gehalt 1,3-1,8%; CO2 Gehalt 1,8-2,2%)
- sinkt der Sauerstoffgehalt für einige Tage unter 1%, so fangen die Äpfel an zu gären und sind verdorben
- durch Kühlung und reduzierten O2 und CO2 Werten wird die Atmungsintensität und der Stoffwechsel verlangsamt und so können manche Sorten bis in den August gelagert werden

11 Saft –Nektar

- Fruchtsaft 100% Fruchtgehalt, Fruchtnektar 50-25%, Fruchtsaftgetränk mit und ohne CO2 min 6-30%, Fruchtschorle mit und ohne CO2 min. 50%

11.1 Einteilung

- **Fruchtsaft:** 100% Frucht, ohne Konservierungsstoffe, ohne Farbstoffe, Naturprodukt nach Anbruch kühl lagern
- **Nektar**: mind. 25-50% Fruchtsaftgehalt, ohne Konservierungsstoffe, ohne Farbstoffe, auch als Diät-Produkt, nach Anbruch kühl lagern
- **Fruchtsaftschorle:** aus Frucht und Mineralwasser, Apfelschorle z.B. mind. 50% meist sogar 60% Fruchtsaftgehalt
- **Fruchtsaft-Getränk:** mind. 30% Frucht bei Kernobst wie z.B. Apfel, 10% bei Mischungen, 6% bei Zitrus (wie Orange), auch als Diät Produkt, nach Anbruch Kühl lagern
- **Limonaden:** enthalten Aromaextrakte und /oder natürliche Aromastoffe sowie in der Regel Zitronensäure, Trinkwasser, natürliche Mineralwasser, Quellwasser und/oder Tafelwasser
- **Brause:** sind kohlensäurehaltige Erfrischungsgetränke, die im Unterschied zu Fruchtsaftgetränken, Fruchtschorlen und Limonaden naturidentische und/oder künstliche Aromastoffe und/oder Farbstoffe enthalten

11.2 Beschaffenheitsmerkmale/Leitsätze

- Erfrischungsgetränke enthalten höchstens 2g/l Alkohol, der aus den Fruchtbestanteilen oder den Aromen stammt
- die Angabe ohne Konservierungsstoffe ist nur dann üblich, wenn auch keine Stoffe verwendet worden sind, die nur Vorrübergehend konservierend wirken
- Koffeinhaltige Erfrischungsgetränke enthalten üblicherweise mind. 65 mg/l und höchstens 250 mg/l Koffein. Sie enthalten auch ortho- Phosphorsäure
- dies gilt nicht für Getränke mit Zusatz von Kaffee, Tee, oder Extrakten daraus, für Getränke in der Art von Mischungen sowie für Getränke, die als Energy Drinks bezeichnet sind

- Chininhaltige Erfrischungsgetränke enthalten höchstens 85 mg/l Chinin
- eine Trübung stammt bei Fruchtsaftgetränken, Fruchtschorlen, und Limonaden nur aus den verwendeten Fruchtbestandteilen

11.3 Fruchtsaftkonzentrationen

- Fruchtsaft aus Fruchtsaftkonzentrationen ist das Erzeugnis, das gewonnen wird, indem das dem Saft bei der Konzentrierung entzogene Wasser dem Fruchtsaftkonzentrat wieder hinzugefügt wird und die dem Saft verloren gegangenen Aromastoffe sowie gegebenenfalls Fruchtfleisch und Zellen, die beim Prozess der Herstellung des betreffenden Fruchtsaftes oder zurückgewonnen wurden, zugesetzt werden
- das zugefügte Wasser muss, insbesondere unter chemischen, mikrobiologischen organoleptischen Gesichtspunkten geeignet sein, die wesentlichen Merkmale des Saftes gewährleisten

12 Honig

- Honig ist ein natursüßer Stoff, der von Honigbienen erzeugt wird, indem die Bienen Nektar von Pflanzen oder Sekrete lebender Pflanzenteile oder sich auf den lebenden Pflanzenteilen befindende Exkrete von an Pflanzen saugenden Insekten aufnehmen, durch Kombination mit eigenem spezifischen Stoffen umwandeln, einlagern und in den Waben des Bienenstocks speichern und reifen lassen
- Honig besteht im Wesentlichen aus verschiedenen Zuckerarten, insbesondere aus Fructose und Glucose, sowie aus organischen Säuren Enzymen und beim Nektarsammeln aufgenommene feste Partikeln
- die Farbe des Honigs reicht von nahezu farblos bis dunkelbraun. Er kann von Flüssiger, dickflüssiger oder teilweise bis durchgehend kristalliner Beschaffenheit sein
- die Unterschiede im Geschmack und Aromen werden von der jeweiligen botanischen Herkunft bestimmt

12.1 Honigarten

- **Blütenhonig oder Nektarhonig:** vollständig oder überwiegend aus dem Nektar von Pflanzen stammender Honig
- **Honigtauhonig:** Honig, der vollständig oder überwiegend aus auf lebenden Pflanzenteilen befindlichen Exkreten von an Pflanzen saugenden Insekten oder aus Sekreten lebender Pflanzenteil stammt (z.B. Tannenhonig von der weiß Tanne)
- **Wabenhonig oder Scheibenhonig:** von Bienen in den gedeckelten, brutfreien Zellen der von ihnen frisch gebauten Honigwaben oder in Honigwaben aus feinen, ausschließlich aus Bienenwachs hergestellten gewaffelten Wachsblättern gespeicherten Honig, der in ganzen oder ge-

teilten Waben gehandelt wird

- **Honig mit Wabenteilen oder Wabenstücken in Honig:** Honig der ein oder mehrere Stücke Wabenhonig enthält
- **Tropfhonig:** durch Austropfen der entdeckelten, brutfreien, Waben gewonnener Honig
- **Schleuderhonig:** durch Schleudern der entdeckelten, brutfreien Waben gewonnener Honig
- **Presshonig:** durch Pressen der brutfreien Waben ohne oder mit Erwärmung auf höchstens 45°C gewonnener Honig
- **gefilterter Honig:** Honig, der gewonnen wird, indem anorganische oder organische Fremdstoffe so entzogen werden, dass Pollen in erheblichem Maße entfernt werden
- **Backhonig:** Honig, der für industrielle Zwecke oder als Zutat für andere Lebensmittel, die ausschließend verarbeitet werden, geeignet ist

12.2 Spezifische Anforderungen

12.2.1 Zuckergehalt (alles höchst Werte)

- Fructose und Glucosegehalt: Blütenhonig 60g/100g, Honigtauhonig 45g/100g
- Saccharosegehalt: Allgemein 5g/100g, Honig von Robinie, Luzerne, Süßklee, roter Eukalyptus 10g/100g, Lavendel 15g/100g

12.2.2 Wassergehalt

- Allgemeinen 20%, von Heidekraut und Backhonig 23%, Backhonig von Heidekraut 25%
- Gehalt an wasserlöslichen Stoffen: Allgemein 0,1g/100g, Presshonig 0,5g/100g

12.2.3 Gehalt an freien Säuren

- Allgemein 50 Milliäquivalente Säure pro kg, Backhonig 80 Milliäquivalente Säure pro kg

12.2.4 HMF

- Hydroxymethylfurfuralgehalt (HMF) bestimmt nach Behandlung und Mischung: Allgemein 40mg/kg, aus tropischen Klima 80mg/kg Eine geringe Menge an HMF im Honig ist ein Indikator für dessen Frische und Naturbelassenheit. Ein hoher HMF-Wert weist auf länger anhaltende Erwärmung oder Lagerung hin. Wenn Honig erhitzt wird, bildet sich aus Fruchtzucker HMF. Der HMF-Gehalt in frisch geschleudertem Honig ist sehr gering und steigt bei korrekter Lagerung, je nach pH-Wert und Lagertemperatur um ca. 2–3 mg/kg pro Jahr an. Lagerung bei Zimmertemperatur (21 °C) kann den HMF-Gehalt in einem Jahr bereits auf 20 mg/kg erhöhen

- liegt der Anteil einer Pollenart über 45% so stellt diese Art den Leitpollen dar, d.h. der Honig darf den Namen des Spenders als Sortenhonig annehmen

12.3 Leitsätze

- Zusätzliche Angaben wie Auslese, Auswahl beziehen sich auf durch besondere Auswahl erzielte überdurchschnittliche äußere Eigenschaften wie Farbe, Aussehen und Konsistenz sowie auf den Geschmack

- Angaben wie kalt geschleudert, mit natürlichen Fermentgehalt, wabenecht werden nur bei besonders sorgfältiger Gewinnung Lagerung und Abfüllung des Honigs verwendet und in diesen Fällen können auch Angaben wie Feinste und Beste verwendet werden. Honig dieser Art weisen folgende Merkmale auf: Saccharose mind. HADORN-ZAHL 7, HMF-Gehalt nicht über 20ppm (20mg/kg)

- erreicht die Saccharosezahl 10 oder mehr, so kann diesem Honig auf den hohen Enzymgehalt durch die Angabe fermentreich hingewiesen werden

12.4 Inhaltsstoffe

- Enzyme (Glucoseoxidase, Phosphatase, Invertase, Diastase, Katalase
- Vitamine (Vitamin C, Vitamin B, Vitamin b2-Komplex, Vitamin H
- Mineralstoffe (Kalium, Natrium, Calcium, Phosphor, Schwefel, Chlor, Eisen, Magnesium, weitere Spurenelemente
- Säuren (Apfel-, Citronen-, und Milchsäure
- Aminosäuren (Prolin, Leucin, Isoleucin, Asparaginsäure, Glutaminsäure, Phenylalanin, Threonin, Alanin, Arginin, Histiden, Glycin, Lysin, Serin, Valin, Cystin
- Hormone (Acetylcholin)
- Inhibine (Flavonoide, Glucoseoxidse, Wasserstoffperoxid und weitere Bactericide
- Aromastoffe (Carbonsäure und Ester z.B. Phenylessigsäureester
- Kohlenhydrate (Einfachzucker: Traubenzucker (Glucose), Fruchtzucker (Fructose), Mehrfachzucker: Disaccharide (z.B. Maltose), Trisaccharide (z.B. Erlose)
- Wasser

12.5 Maillard Reaktion(nichtenzymatische Bräunung)

- Es reagieren miteinander Aminosäuren und so genannte reduzierende Zucker in Anwesenheit von (idealerweise) 12 bis 18 % Wasser. Beispiel für reduzierende Zucker sind Traubenzucker (Glucose), Milchzucker (Galaktose) sowie Malzzucker (Maltose). Über mehrere Zwischenstufen entstehen chemische Verbindungen mit angenehmem Aroma und typischen dunklen Farben

- Der Begriff Maillard-Reaktion ist eine Sammelbezeichnung für eine Klasse von chemischen Reaktionen beim Garen, die nach einem gemeinsamen Schema ablaufen

- Verluste an essentiellen Aminosäuren auch Entstehung von Fehlaromen, Entstehung von mutagenen Stoffen (Acrylamid)

12.6 Reifung

- in erster Linie laufen bei der Honigreifung biochemische Vorgänge ab, an denen die von den Bienen zugegebenen Enzyme beteiligt sind. Wichtige Bedeutung haben vor allem die Enzyme Saccharose (Invertase) und Glucoseoxidase

- während der Honig Reifung spielen auch rein chemische Reaktionen eine wichtige Rolle. Von Bedeutung sind in erster Linie die von den Bienen an die Honigrohstoffe abgegebenen Aminosäuren, aber auch trachtspezifische Aminosäuren sind beteiligt

- Aminogruppenhaltige Verbindungen reagieren *im sauren pH-Bereich* bei *erhöhter Temperatur* mit reduzierenden Zuckern in der *Maillard Reaktion* unter Bildung von gelb bis braun gefärbten Verbindungen

12.7 Toxische Inhaltstoffe

- Grayanotoxin: aus Rhododendron
- Tutin: aus der Tuta-Pflanze
- Atropin: aus Stechapfel

12.8 Kristallisationsfehler

- Gelenkte Kristallisation: wird angewendet bei schnell kristallisierenden Blütenhonigen durch Rühren, Beimpfen mit 5-10% feinkristallinem Honig als Starter und dann lagern bei 14°C

- Kristallisationsfehler: Blütenbildung tritt bei besonders wasserarmen Honigen auf, tritt in Hohlräumen auf, verhindert durch Entlüften vor dem Abfüllen und gelenkte Kristallisation

- Kristallisationsfehler: grobe Kristallisation, Häufige Fehler bei langsamen kristallisierenden Honigen, vermeidbar durch gelenkte Kristallisation

- Phasentrennung: Häufige Fehler bei wasserreichen Honigen, die 2 Phasen kristallisieren die obere Phase ist wasserreicher und verderbsanfälliger (Gärung durch Hefen)

- je höher der Glucosegehalt eines Honigs ist desto schneller kristallisiert er, mit 28% Glucose kristallisieren die Honige schnell

12.9 Lagerung

12.9.1 Wärmeschäden

- bei zu hoher oder längerer Erwärmung und bei Lagerung des Honigs sinkt die Enzymaktivität und der HMF-Gehalt steigt
- die Bildung des HMF ist Temperatur und pH-Wert abhängig. Bei den sauren Blütenhonigen ist die HMF-Bildung schneller als bei den weniger sauren Honigtauhonigen

12.9.2 Feuchtigkeit

- Honig ist hydroskopisch und nimmt Wasser auf, sobald die Luftfeuchte über 60% liegt, somit trocken, gas- und wasserdicht lagern

12.9.3 Farbe

- unter Einfluss von Licht und Wärme dunkelt die Honigfarbe, somit dunkel und kühl lagern

12.10 Verflüssigung

- die Verflüssigung kristallisierten Honigs kann aus mehreren Gründen erforderlich sein: Verbraucher bevorzugen streichfähigen oder flüssigen Honig, Honig ist flüssig besser abfülllbar, Honig wird oftmals in Großgebinden gelagert und kristallisiert

12.11 Gelee Royale

- Gelée Royale, Weiselfuttersaft oder Bienenköniginnenfuttersaft, ist der Futtersaft, mit dem die Honigbienen ihre Königinnen aufziehe

13 Milch und Milchprodukte

13.1 Inhaltsstoffe

- Wasser 87,3%; Milchzucker 4,8%; Fett 3,8%; Eiweiß 3,4%; Mineralstoffe und Vitamine 0,7%
- pH 6,7 (native Milch)

13.1.1 Fett (Kuhmilch)

- SAFA (Gesättigte Fettsäuren) 62,9%; MUFA (Einfach ungesättigte Fs) 32,1%; PUFA (Mehrfach ungesättigte Fs) 2,2%; davon Linolensäure 2,5%; Cholesterin 12,0%
- Konjugierte Linolensäure (CLA)- Doppelbindungen liegen in konjugierter statt in isolierter Form vor, wobei sich jede Doppelbindung in cis oder Trans Konfiguration befinden kann
- Biosynthese von Milchfett erfolgt durch die Veresterung von Glycerin mit 3 Fettsäuren zu Trigly-

ceriden (Neutralfett) ; bei kurz- und mittelkettigen die Milchdrüse aus Acetyl-CoA; langkettige, gesättigte aus Blut bzw. Depotfett oder Futter; langkettigen ungesättigten die Milchdrüse aus gesättigten desaturiert oder aus dem Depotfett stammend

13.1.2 Milcheiweiß

- (Wiederkäuer)enthalten sind Kuhmilchproteine (Reineiweiß); Casein 76-86% und Molkenproteine 14-24%

- in der Humanmilch dagegen liegt der Anteil der Caseinfraktion bei 20-30% und der Molkenproteine bei 70-80%

- **Casein** (aQyk) gerinnt nicht beim erhitzen, gerinnt beim säuern, gerinnt bei Labfermentation (Lab ist ein Enzym, das Casein spaltet)

- Molkenproteine (α –Lactalbumin; β-Lactoglobulin; Immunoglobuline; SerumAlbumine, Lactoferin) gerinnt beim Erhitzen, gerinnt beim säuern nicht

- Kuhmilch-Intoleranz wird definiert als vorübergehende Unverträglichkeit gegenüber allen einzelnen Kuhmilchproteinen. Sie tritt bei der Einführung von Kuhmilch in die Ernährung von Säuglingen auf. Eine Studie hat gezeigt das andere Milcharten keine Alternative zur Kuhmilch ist.

- Kuhmilch enthält 18 Aminosäuren in unterschiedlichen Mengen z.B. Asparaginsäure, Glutaminsäure, Leucin, Lysin, Prolin usw.

13.1.3 Lactose

- Disaccharid, optisch aktiv, 2 Anomere α und β, reduzierender Zucker, nur 1/3 der Süßkraft von Rohrzucker, relativ schlechte Lösbarkeit
- Kuhmilch 4,7%, Ziegenmilch4,8%, Schafmilch 5,0%, Humanmilch 6,8%
- Lactoseintoleranz ist eine Nahrungsmittelunverträglichkeit, bei der Milchzucker (Lactose) Beschwerden hervorruft. Die Laktoseunverträglichkeit ist eine Folge eines Mangels an den Enzymen Laktase und Galakokinase

13.1.4 Vitamine und Mineralstoffe

- fettlöslich: Vitamin A,D,E
- wasserlöslich: Vitamin B,B2,B12,C
- Calcium

13.2 Verarbeitung

- man unterscheidet bei Milch zwischen unbehandelt, pasteurisiert, ultrahocherhitzt, sterilisiert und homogenisiert, außerdem variiert der Fettgehalt

13.2.1 Trinkmilch

- **Vorzugsmilch (Rohmilch):** die unter strengen Kontrollen abgefüllt vom Hof in den Handel kommt und innerhalb von 96 Stunden nach der Gewinnung verkauft sein muss. Vorzugsmilchhöfe unterliegen einer besonderen amtstierärztlichen Überwachung und behördlichen Zulassung. Wird Vorzugsmilch an öffentliche Einrichtungen abgegeben muss sie unbedingt abgekocht werden

- **Rohmilch:** Von landwirtschaftlichen Betrieben mit entsprechender Genehmigung abgegebene Milch, die weder molkereimäßig erhitzt noch bearbeitet ist und einen Fettgehalt von mind. 3% hat. Diese Milch darf innerhalb von 24 Stunden nach der Gewinnung als "Ab- Hof-Milch" lose abgegeben werden mit dem Hinweis, "Rohmilch, vor Verzehr abkochen"

13.2.2 Einteilung nach Fettgehalt

- **Vollmilch:** in der Molkerei auf mind. 3,5% eingestellter Fettgehalt oder natürlicher Fettgehalt von mind. 3,5%
- **Teilentrahmte Milch/fettarme Milch:** Fettgehalt von mind. 1,5% höchstens 1,8%
- **Entrahmte Milch/Magermilch:** Fettgehalt von höchstens 0,5% Fett

13.2.3 Erhitzungsverfahren und Haltbarmachung

- **Pasteurisieren:** Pasteurisierte Milch **(Frischmilch)** wird bis zu 30 Sekunden lang bei 72°C bis 75°C kurzzeiterhitzt, hält sich gekühlt bei +8°C ca. 5-6 Tage

- **Ultrahocherhitzen:** Ultrahocherhitzte Milch/ **Haltbare Milch (H-Milch)** mind. 1-4 Sek. auf 135°C erhitzt, ist ungeöffnet 3-6 Monate bei Zimmertemperatur haltbar

- **Sterilisieren:** Sterilisierte **Milch/ Sterilmilch** mind. 3 Minuten auf 121°C in der Flasche erhitzt, hält sich ungeöffnet bis zu einem Jahr

- **ESL-Milch:** ESL steht für Extended Shelf Life. Diese Milch ist länger haltbar als pasteurisierte Milch, jedoch nicht so lange wie H-Milch. Die längere Haltbarkeit wird durch Kombination verschiedener Erhitzungs- und Abfüllverfahren, die zwischen der üblichen Pasteurisation und Ultrahocherhitzung liegen, erzielt. Milch muss gekühlt werden.

- **Kondensmilch:** wird für 10–25 Minuten auf 85–100 °C erhitzt und anschließend bei Unterdruck und 40–80 °C eingedickt, wobei rund 60 % des Wassers entzogen werden.

Danach hat sie einen Fettgehalt von 4–10 % und eine fettfreie Trockenmasse von etwa 23 %. Nach der Homogenisierung wird sie abgefüllt und noch einmal sterilisiert

13.3 Milchprodukte

13.3.1 Sahne

- Creme double bis 40% Fettgehalt; Schlagsahne/Schlagrahm mind. 30% bis 36%; Sahne/Rahm/Kaffesahne mind. 10% bis 15% Fettgehalt

13.3.2 Fermentierte Sauermilchprodukte

- Sauermilch, Dickmilch, Joghurt, Sauerrahm, Buttermilch, Kefir, Probiotika
- mit produktspezifischen Mikroorganismen-Kulturen bis mind. zum Casein-Gerinnungs-pH (4,6) gesäuerte Milch oder Rahm mit unterschiedlichen Fettgehalten, in flüssiger , dickflüssiger oder stichfester/ verflüssigbarer Form

13.3.3 Einschub Probiotika

- Probiotika: lebende definierte Mikroorganismen die nach oraler Zufuhr gesundheitsfördernd im menschlichen (oder tierischen) Organismen wirken
- Prebiotika: nichtverdauliche Nahrungsbestandteile die durch Stimulation des Wachstums bzw. der Stoffwechselaktivität bestimmter intestinaler Mikroorganismen positiv auf die Gesundheit wirken

13.3.4 Butter

- **Sauerrahmbutter:** wird durch pasteurisierten Rahm durch Milchsäurekulturen vorgereift. dabei entstehen Aromastoffe die der Butter den Geschmack geben

- **Süßrahmbutter:** entsteht aus ungesäuertem Rahm und ist sahnig-mild

- **Mildgesäuerte Butter:** ist Süßrahmbutter, der nach der Butterung ein Milchsäurekonzentrat zugesetzt wird. Sie schmeckt feinsäuerlich

- **Landbutter:** unterscheidet sich von den anderen Buttersorten dadurch, dass sie nicht in einer Molkerei sondern auf dem Bauernhof hergestellt wird

- **Fettreduzierte Butter:** es gibt auch fettreduzierte Butter bzw. Milchstreichfetterzeugnisse. Sie können aus Sahne oder Butter unter Verwendung von Säuerungsmitteln, Gelatine und Aromastoffe zubereitet sein. Diese Produkte sind reine Brotaufstriche und zum Kochen, Backen, und Frittieren nicht geeignet, da sie einen wesentlichen höheren Wassergehalt haben

- **Halbfettbutter:** Fettreduzierte Butter mit einem Fettgehalt von 39-41%

- **Mischfett:** nach der Aufbereitung des deutschen Reinheitsgebotes für Milch und Milchprodukte ist es ebenso erlaubt, Mischfett aus Milch- und Pflanzenfett mit unterschiedlichen Anteilen auf den Markt zu bringen

13.3.5 Dauermilchprodukte

- Dauermilcherzeugnisse sind aus Milch, Sahne, Molke oder aus Erzeugnissen auf Milchbasis hergestellte Produkte, sie durch Wärmezufuhr und meistenteils Wasserentzug haltbar gemacht wurden. Der Wasserentzug kann dabei teilweise (Eindicken, Konzentrieren) oder weitergehend (Trocknen) erfolgen

- man unterscheidet zwischen:

- flüssige Produkte: sterilisierte oder UHT Sahen, Kondensmilch (H-Milch, Sterilmilch, - getränke)

- getrockneten Produkten: Michpulver, Milchpulvererzeugnisse, Molkenpulver, Trockenmilchzubereitungen

14 Käse

- frische oder gereifte Erzeugnisse, die aus dickgelegter Milch hergestellt werden. Die Dicklegung erfolgt mit: Milchsäurebakterien (sauermilchkäse); Milchsäurebakterien und wenig Lab (Frischkäse); mit Lab und wenig Milchsäurebakterien (Weichkäse, halbfester Schnittkäse) oder mit Lab (Hartkäse)

- für 1 kg **Schnittkäse** sind ca. 10 l Milch erforderlich. Die Käsegruppen unterscheiden sich u.a. durch die Reifezeit und den Feuchtigkeitsanteil innerhalb der Gruppe gibt es verschiedene Fettgehaltsstufen

- für die Herstellung von **Schmelzkäse** wird Käse mit Hilfe von Schmelzsalzen (damit er keine Fäden zieht) eingeschmolzen und später in eine neue Form gebracht. Er eignet sich besonders als Vorratskäse

14.1 Fett in Trockenmasse

- Frischkäse gibt es mit unterschiedlichen Fettgehalt von der Magerstufe bis hin zur Doppelrahmstufe

- der Fettgehalt wird in %Fett i.Tr. deklariert, das heißt das der prozentuale Fettgehalt der Trockenmasse angegeben ist, die sich aus Eiweiß, Fett, Kohlenhydrate, Vitaminen, Mineralstoffen und Spurenelementen zusammensetzt

- diese Angabe wird gewählt, da die Relation Fett in Trockenmasse erhalten bleibt, auch wenn der Käse während der Reifung Wasser und damit Gewicht verliert

- Fettstufen sind (der Reihenfolge mit höchster Stufe zuerst): Doppelrahm, Rahm, Vollfett, Fett, Dreiviertelfett, Halbfett, Viertelfett, Mager

14.2 Wassergehalt

- in der §9 der Käseverordnung sind die Käse nach dem Wassergehalt in der fettfreien Käsemasse in folgende Gruppen unterteilt: **Hartkäse** (56%), **Schnittkäse** (mehr als 54% bis 63%), **Halbfester Schnittkäse** (mehr als 61% bis 69%), **Sauermilchkäse** mehr als (60% bis 72%), **Weichkäse** (mehr als 67%), **Frischkäse** (mehr als 73%)

14.3 Zusätze

- Milch (Kesselmilch, Käsemilch) wird durch:
- durch die **Zugabe von Milchsäurebakterien und Lab** entsteht Quark und Frischkäse, Molke geht ab, der Käse wird geschnitten, Molke geht ab, geformt und gesalzen, dann kommen Reifungskulturen dazu, dann Reifung bis **gereifter Sauermilchkäse**
- durch Zugabe **Lab-Enzym und Reifungskulturen** Dicklegung, Schneiden, Käsebruch, Molke geht ab, formen, salzen, pressen, Molke geht ab, Reifung, gereifter Labkäse

14.3.1 Säuerungskulturen (Mikroorganismen)

- **Starterkulturen, Säuerungswecker**, deren primäres Ziel es ist meist homofermentativ aus Lactose Milchsäure zu bilden z.B. Joghurtkulturen für Hartkäse und vielen Schnittkäse oder Butterkulturen meist für Schnitt- und Weichkäse

- **Spezielle Käsekulturen** werden **gemeinsam** mit den **Säuerungskulturen** zur Kesselmilch gegeben oder erst im Zuge der Käsereifung (bei oberflächengereiften Käsen)

14.3.2 Spezielle Käsekulturen

14.3.2.1 Gas Aromabildung aus glykolytischen Prozessen)

- heterofermentative **Probionsäuregärung** aus Milchsäure Lochbildung, **Aroma z.B. Emmentaler**
- heterofermentative **Milchsäuregärung** (aus Milchzucker), kleine Lochbildung und Aromabildung (Diacetyl aus Citronensäure) **z.B. Schnittkäse**

14.3.2.2 Aromabildung aus proteolytischen (eiweißabbauenden) Prozessen

- schwach (nur Innen)Lactococcen bei allen **gereiften Käsen**
- mittelmäßig (nur Innen)Lactobacillus casei und spp. bei vielen **Hart- und Schnittkäsen**
- stark bis hin NH3-Bildung (vorwiegend Außen) Rotkulturen usw. geschmierter Käse wie Romadur, Bergkäse und für oberflächengereifte Weißschimmelkäse wie Camembert, Brie, Doppelschimmelkäse

14.3.2.3 Aromabildung aus lipolytischen (fettabbauenden Prozessen)

- Penicillium roqueforti bei innengereiften Blauschimmelkäsen z.B. Roquefort, Doppelschimmelkäse

14.3.2.4 Lab und Labersatzenzyme (saure Prozesse)

- Echtes Lab (Chymosin, Rennin) aus dem 4.Magen des Saugendenkalbes eingesetzt in folgenden Formen: Naturmagenkalb (getrockneter Magen in Stücken), Labextrakte (Flüssiglab), Labpasten (Konzentrat)
- Pepsine aus anderen Tiermägen (Scheine, Rinder, Geflügel) praktisch nur für Frischkäse
- Mikrobielles Lab oder „Pilzlab" im wesentlichen „Rennilase" aus Mucor miehei wird sehr häufig eingesetzt
- **Andere Zusätze:** Käsesalze; Farbzusatz Carotin, Riboflavin; Lysozym (Bakteriostatikum)

14.4 Verarbeitung

14.4.1 Frischkäse

- ist der Sammelbegriff für Käsesorten ohne Reifung wie z.B. Speisequark, Schichtkäse, Rahm- und Doppelrahmkäse und körniger Frischkäse
- **Speisequark** wird aus entrahmter, pasteurisierter Milch mit einem Zusatz von Milchsäurebakterien und geringen Labmengen zubereitet. Bei Temperaturen um 22°C ist die Milch nach etwa 24 Stunden durch Gerinnung des Milcheiweiß dick gelegt
- **Schichtkäse** gewünschter Fettgehalt wird vor der Produktion eingestellt, Dicklegung in quadratischen Formen (etwas fester schichtiger in der Beschaffenheit)
- **Körniger Frischkäse**, die dickgelegt Milch wird in kleine gleichmäßige Würfel geschnitten. Das Hinzugießen von heißem Wasser (75°C) und ständiges Rühren lässt die Molke austreten. Waschen mit Eiswasser festigt die Käsewürfel und mildert ihren Geschmack. Die Flüssigkeit wird abgelassen, der körnige Frischkäse leicht gesalzen und in Sahne suspendiert
- **Mozzarella** weiß bis leicht geldblich, glatt, geschlossene Oberfläche, teig weich bis elastisch, faserige Struktur, Geschmack arteigen nach Milch (Büffel, Kuh..) neutral bis mild säuerlich, es gibt ihn in verschiedenen Fettgehaltsstufen
- Rahm- und Doppelrahmkäse entstehen wie Speisequark und der Zugabe von Sahne

14.4.2 Molkeneiweißkäse

- Molkeneiweißkäse (mit etwas Restcasein und mehr oder weniger Fett eingeschlossen) wird hitzegefällt, abgeseiht oder zentrifugiert, Ultrafiltration aufkonzentriert. Diese Erzeugnisse sind Frischkäse-ähnlich, die Bezeichnung regional und traditionell Schotten, Ricotta, Mascarpone, Ziger

14.4.3 Sauermilchkäse

- Sauermilchkäsesorten werden fast ausschließlich in der Mager-Fettstufe produziert. Die Herstellverfahren der Sauermilchkäsesorten unterscheiden sich vorwiegend in der Oberflächenbehandlung, aller kräftig gesalzenen z.T. gewürzt, **Harzer Käse, Mainzer Käse, Handkäse**

- **Kochkäse** Bezeichnung darf verwendet werden (statt Schmelzkäse), wenn zur Herstellung nur Sauermilchquark oder Labquark, auch unter Zusatz von Schnittkäse (ohne Rinde oder Haut) bis zu acht Gewichtshundertstel, bezogen auf das Fertigerzeugnis und an anderen Milcherzeugnissen nur Sahne (Rahm), Butter oder Butterschmalz verwendet wurde

14.4.4 Käse

14.4.4.1 Hartkäse

- 60-62% Trockenmasse, Reifezeit mind. zwei bis drei Monate je nach Sorte, sind Monatelang haltbar, Emmentaler, Cheddar, Appenzeller

14.4.4.2 Halbfester Schnittkäse

- 44-55% Trockenmasse, Reifezeit drei bis fünf Wochen z.B. Butterkäse, Edelpilzkäse

14.4.4.3 Weichkäse

- 38-52% Trockenmasse reifen von außen nach innen, Oberfläche mit weißem Kulturschimmel
- z.B. Camembert, Brie, Limburger

14.4.4.4 Schmelzkäse

- 22-42% Trockenmasse aus natürlichem Käse unter Erwärmung und Zugabe von Schmelzsalzen (Zitronen- und Phosphorsäure) zubereitet, streich- und schnittfähig

15 Eier und Eiprodukte

15.1 Nährstoffe

- Wasser 74,1g; Eiweiß (Globulin, Albumin) 12,9g; Fett 11,2g; Verwertbare KH 0,7g; Mineralstoffe 1,1g (auf 100g)
- Hühnereier haben den schlechten Ruf einen hohen Cholesteringehalt zu haben und dies führe zu Herzinfaktrisiko. Studien belegen aber das das im Hühnerei enthaltene Cholesterin die körpereigene Cholesterinproduktion sogar senkt und das Ei-Lecithin die Aufnahme des Cholesterins hemmt
- Hühnerei hat eine 94% (auf 100g) biologische Wertigkeit der Proteine
- Im Eiklar: Eiweiß 11% und Wasser 87%, Mineralstoffe in Spuren (Kalium und Natrium)
- Im Eigelb: Eiweiß 16%, Fett 32%, Wasser 50%, Mineralstoffe ca. 2%, Vitamine 1% (Carotin, A, D, B1, B2

15.2 Erzeugung

- **Freilandhaltung:** bewachsene und 4m^2 große Auslauffläche pro Huhn, Stalleinrichtung muss Bodenhaltung entsprechen, Auslaufflächen, deren Radius um die Auslauffläche größer als 150 m ist, zusätzliche Unterstände gestellt werden
- **Bodenhaltung:** Besatzdichte max. 9 Hennen pro m^2 nutzbarer Fläche, nutzbare Fläche in max. 4 frei zugängliche Ebenen angeordnet, alle Anlagen Mindestausstattung an Futtertrögen, Tränken, Legenestern und Sitzstangen, ein Drittel der Stallbodenfläche muss als Einstreufläche dienen
- **Käfighaltung:** ist in den EU Ländern nicht mehr erlaubt

15.3 Legehennenbetriebsregister

- es dürfen nur noch Eier aus dem Stall in Verkehr gebracht werden bei der zuständigen Behörde wird eine Registrierungsnummer vergeben und die Eier mit einem entsprechenden Erzeugercode gestempelt
- registrierungspflichtig sind Betriebe die 350 oder mehr Legehennen halten oder Betriebe die weniger als 350 Hennen halten, aber ihre Eier kennzeichnungspflichtig vermarkten
- die Eier dürfen nur an zugelassene Packstellen abgegeben werden
- die unsortierte Rohware ist an den Behältnissen zu kennzeichnen mit Name und Anschrift des Erzeugers, Erzeugercode des Stalles, Anzahl der Eier, Legedatum, Versanddatum

- alle Methoden zur Beurteilung der Eifrische sagen in erster Linie etwas über die **Lagertemperatur** und erst in zweiter Linie etwas über die **Dauer der Lagerung** aus. Grundsätzlich gibt es drei taugliche Frischekriterien bei Eiern: a. Luftkammerhöhe, b. Eiklarbeschaffenheit, c. Dotterbeschaffenheit (frisch- gut gelagert, alt- schlecht gelagert)
- durch Verdunsten des Ei-Inhalts durch die poröse Schale **vergrößert sich die Luftkammer** am stumpfen Pol: je wärmer, je trockener und je länger die Eier gelagert werden, desto rascher wächst die Luftkammer. das Ei lässt sich durchleuchten, frische Eier haben kleine Luftkammer (kaum sichtbar), alte Eier haben große Luftkammert (gut sichtbar)
- im Haushalt lässt man die Eier **ins Wasser tauchen**, frische Eier bleiben waagerecht am Boden oder heben den stumpfen Pol. , weniger frische Eier stehen senkrecht auf der spitze am Boden des Gefäßes oder schwimmen sogar, oder schütteln der Eier
- **Eiklarbeschaffenheit**, je länger und vor allem je wärmer die Eier gelagert wurden, desto mehr verflüssigt sich auch das gallertartige Eiklar, die Eier zerfließen (frische Eier nur wenig dünnflüssig)
- **Dotterbeschaffenheit**, frische Eier Dotter schattenhaft sichtbar und unbeweglich im Zentrum, wärmer und länger gelagerte Eier im Leuchtbild deutlich sichtbar und beweglich im Zentrum

15.5 Schutz vor Mikroorganismen

- MO's können über zwei Wege in das Ei gelangen: Primäre Kontamination MO's sind schon vor der Eiablage vorhanden; Sekundäre Kontamination: MO's penetrieren durch die Schale des Eise (Eier können Träger von Salmonellen sein)

15.5.1 Abwehrstrategie der Schalenbestandteile

- **Kutikula** ist wasserabweisend und verschließt einen großen Teil der Poren in der Kalkschale, Kalkschale geringe Abwehr
- **Schalenmembran** ist wirksame Barriere durch zwei Blätter. Das dichte Fasergeflecht ist für Keime kaum durchdringbar. Überfordert wird Abwehr durch hohe Keimzahl und warme Umgebung

15.5.2 Abwehrstrategie des Eiklar

- bakterizide Wirkung durch Gehalt an Conalbumin, Lysozym, Ovomukoid, Avidin
- Zusätzlich pH-Wert im alkalischen Bereich (frisch gelegt 7,6-7,9 – Tage später 9,6)

- besitzt keine antimikrobielle Aktivität, gutes Medium für Keimvermehrung

15.6 Eierkennzeichnung

- **Erzeugercode:** 1. Ziffer Code für das Haltungssystem, 2.Ziffer Code des Registrierungsmitgliedsstaates (Herkunft), 3.Ziffer Identifizierung des Betriebes
- auf der **Verpackung** sind folgende **Angaben** vorgeschrieben: Güte- und Gewichtsklasse, Anzahl der verschiedenen Größen in Kleinpackungen und Nettogewicht, Mindesthaltbarkeitsdatum, Nach Kauf kühl lagern, Name- Anschrift-Kennnummer der Packstelle, Art der Lagerhaltung
- Einteilung nach **Gewichtsklassen**: XL- sehr groß (73g und drüber); L- groß (63 bis 73 g); M- mittel (53 bis unter 63 g); S- klein (unter 53 g)
- Güterklassen: im Handel ist nur die Güteklasse A oder „frisch" von Bedeutung : Schale> sauber und unverletzt; Luftkammer> nicht höher als 6mm; Eiklar klar, durchsichtig, gallertartig, frei von fremden Einlagerungen, Dotter> beim Durchleuchten nur schattenhaft, ohne deutlichen Umrisse sichtbar, Keim> nicht sichtbar entwickelt, Geruch> frei von Fremdgeruch

15.7 Produkte und Eierzeugnisse

- die wichtigsten Eierprodukte sind: Flüssigeiprodukte (Vollei, Eiweiß, Eigelb), Gefrierei (Vollei, Eiweiß, Eigelb), Trockenei (Eipulver aus Vollei, Eiweiß, Eigelb), Eipulver, Eikonzentrat, Eigelee
- Erzeugnisse aus Eiern: Eierstich, Stangenei

15.8 Zoonosen

- Zoonosen Krankheiten und Infektionen sind, die auf natürliche Weise zwischen Mensch und anderen Wirbeltieren übertragen werden können z.B. Das **Schwere Akute Respiratorische Syndrom SARS,** Borreliose, Geflügelpest und besonders **MRSA**

16 Geflügel

- Hausgeflügel: Haushuhn, Truthahn, Ente, Gans und Taube auch Strauß
- Wildgeflügel oder Federwild: Fasan, Rebhuhn, Perlhuhn und Wachtel (Perlhuhn und Wachtel werden zwar gezüchtet, werden aber ihres Geschmackes wegen zum Wildgeflügel gezählt)
- alle genießbaren Geflügelarten gehören, von Taube und Strauß abgesehen, zu den fasanartigen Hühnervögeln oder den Gänsevögeln

16.1 Klasse der Vögel

16.1.1 Hühnervogel

- Großfußhühner, Perlhühner, Zahnwachteln, Fasanartige (Haushuhn)

16.1.2 Entenvögel

- Pfeifgänse, Gänse, Affenenten, Halbgänse, Enten

16.1.3 Haushuhn (Fasanenartigen)

- 180 bekannte Rassen und Farbschläge, meist Hybridrassen
- Stubenküken 200-600g nicht älter als ein Monat
- Hähnchen oder Broiler 800-3000g sind fünf bis sieben Wochen alt
- Poularde sind junge Masthühner, die mit 7-8 Monaten vor ihrer Geschlechtsreife geschlachtet werden
- Kapaun sind gemästete, kastrierte Hähne mit einem Gewicht von 1500-2000g. Sie werden kaum noch angeboten
- Legehennen sind Hühner aus Hybridrassen die speziell auf das Legen von Eiern gezüchtet wurden
- Suppenhühner sind meist zwölf bis 15 Monate alte Legehennen, sie wiegen zwischen 1000-2000g. Suppenhühner sind besonders aromatisch, müssen aber länger gekocht werden, gebraten ist ihr Fleisch zäh

16.1.4 Truthühner

- sind eine Unterfamilie der Fasane und gehören zu den Hühnervogeln
- Baby-Pute Jungtiere von 2000-3000g sind weniger Aromatisch und saftig als ältere Tiere
- Junge Pute sind etwa acht Wochen alt und haben ein Gewicht von 3000-4000g
- Pute sind neun Wochen bis fünf Monate alt, die Weibchen wiegen bis 12kg, Männchen bis 20 kg

16.1.5 Hausente

- domestizierte Form der Stockente
- Hausenten können verschiedene Rassen angehören. Die am weitesten verbreitete ist die Pekingente, junge Enten werden nach zwei bis drei Monaten geschlachtet und wiegen etwa 1500-2000g, nach sechs Monaten sind sie geschlechtsreif und wiegen bis 3000 g
- Flugenten (z.B. Babarienenten) sind magerer und muskulöser als Hausenten. Sie werden im Alter von etwa vier Monaten geschlachtet die Weibchen wiegen dann rund 2000 g, die Männchen 3000-4000 g

16.1.6 Hausgans

- ist die domestizierte Form der Graugans und bildet mit dieser eine Art
- Frühmastgans sind etwa ein Viertel Jahr alt und wiegen 2000-3500 g
- Junge Gänse sind etwa 9 Monate alt und wiegen 4000-6000 g
- Hafermastgänse können mehr als ein Jahr alt sein, werden aber selten angeboten, sie wiegen über 6000 g

16.1.7 Anderes Zuchtgeflügel

- Perlhuhn stammen aus Afrika, junge Perlhühner werden im Alter von sechs Wochen mit etwa 600 g geschlachtet, dreimonatige Perlhühner mit einem Gewicht von 1000 g
- Wachteln, sechs Wochen alte mit etwa 100-150 g, werden in Käfighaltung gehalten
- Taube(artenreiche Familie gehören zur Ordnung der Taubenvögel) werden nach vier Wochen geschlachtet ihr Gewicht liegt zwischen 250-400 g
- Strauß Schlachtreife ein Gewicht von 75-100kg mit Fleischanteil von 50%

16.2 Inhaltsstoffe

- im Allgemeinen ist Geflügel ernährungsphysiologisch wertvoller als Fleisch warmblütiger Schlachttiere. Die Eiweißstoffe sind von höherer biologischer Wertigkeit. Das Fett enthält viele ungesättigte Fettsäuren, Geflügelfleisch ist mineralstoff- und vitaminreich
- es zählt zu den preiswerten Lieferanten hochwertiger Eiweißes, zeichnet sich durch einen hohen Genusswert und leichte Bekömmlichkeit aus
- zudem ist Geflügel ein guter Lieferant für Vitamin A und E, auch die Vitamine der B Gruppe sind nennenswert vorhanden

16.3 Zucht, Mast und Schlachtung

16.3.1 Zucht

- unter Zucht versteht man die planmäßige Auslese und Paarung von Tieren, bei der ein bestimmtes Zuchtziel angestrebt wird (hohe Lege, Mastleistung)

16.3.2 Mast

- eine wesentliche Kennzeichnung der modernen Haltungsweise von Mastgeflügel ist die Schaffung einer kontrollierten, weitgehend standardisierten Umwelt, wodurch eine Maximierung der tierischen Leistung bei minimalern Kosten erreicht werden soll

- Bodenhaltung: wird als Stallhaltung ohne Auslauf auf Tierstreu verstanden. Die Tiere werden dabei ganzjährig in einer klimatisierten Umwelt, bevorzugt in einem Einheitsstallsystem, nach der sogenannten „Rein-Raus-Methode" gehalten. Die Eintagskücken bleiben vom Einsetzten bis zum Ende der Mast in einem Stall was Stress vermeidet

16.4 Transport

- der Transport des Schlachtgeflügels findet in Behältnissen aus Metall oder Plastik statt, hierfür gibt es besondere Vorschriften, eine mehrstündige Nüchterung vor dem Transport, schonendes fahren, auf Klima ist zu achten, Wartezeit ist zu bemessen usw.

16.5 Schlachtung

- aus Gründen des Tierschutzes und um eine möglichst vollständige Entblutung zu gewährleisten, wird das Geflügel vor dem Entblutugsschritt mechanisch, elektrisch oder chemisch betäubt

- der Entblutugsschritt sollte spätestens 10-20 Sek. nach der Betäubung erfolgen

- das Brühen dient als Vorbereitung für das Rupfen und hat durch Verminderung der Keimbelastung einen positiven Einfluss auf die Hygienesituation (Hochbrühen 58-60°C 60-90 Sek./Niedrigbrühen bei 48-52°C 120-180 Sek.)

- nach dem Brühen das Rupfen zur vollständigen Entfederung mittels Rupfmaschinen

- das Entfernen der Köpfe und Ständer bildet den letzten Arbeitsschritt der unreinen Seite, dann erfolgt das Säubern und Ausnehmen

BEI GRIN MACHT SICH IHR WISSEN BEZAHLT

- Wir veröffentlichen Ihre Hausarbeit,
  Bachelor- und Masterarbeit

- Ihr eigenes eBook und Buch -
  weltweit in allen wichtigen Shops

- Verdienen Sie an jedem Verkauf

Jetzt bei www.GRIN.com hochladen
und kostenlos publizieren